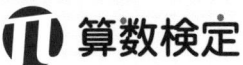

実用数学技能検定
文章題練習帳

THE MATHEMATICS CERTIFICATION INSTITUTE OF JAPAN [THE 8th GRADE]

8級

公益財団法人 日本数学検定協会

まえがき

　小学校であつかう数の範囲では,「ある数を1よりも小さい数でわると答えは大きくなります」が, それはいったいなぜなのでしょうか。

　この質問にきちんと答えられるのは大人でも少ないと思います。その理由は, わり算の意味をきちんと理解していないことが原因です。

　小学校で習う算数の内容は, 数や形にふれあいながら, たし算, ひき算を理解し, さらに九九を覚えながらかけ算を学び, わり算へとつながっていきます。四則演算のツールが出そろったところで, たし算とかけ算などが組み合わさったときの計算のルールを学んだり, 大きな数や小数, 分数といった新しいアイテムを使って計算したりするなど, どんどんと学ぶ内容が増えていきます。ここで大事なのは, どの内容にもむだがないということです。教科書によって学ぶ順番に違いはあるものの, 大まかにとらえると過去に習っていた内容は今の学習につながり, そこで得られた知識は次の学年で習う内容へとつながっていきます。また小学校で習う算数の理解度が高いか低いかによって, 中学校以降で学ぶ数学が得意になるかどうかが決まってくるわけです。

　「実用数学技能検定(算数検定)」6～8級では, 小学生が苦手とする内容が出題されることもあります。しかし, わからない問題に直面したときは, あわてずにすでに習った学習内容を復習して, その学習内容がどのようにいま習っている学習内容につながっているかをよく考えてみることが大事です。こうした学習のくり返しによって, 算数の本当の力が身についていくことになります。そして算数検定は, そうした自分の算数力を確かめるためのツールとなっています。

　算数検定を使って自分の算数力を確認し, あらためてかけ算やわり算の本当の意味を理解してください。そしてくり返しとなりますが,「ある数を1よりも小さい数でわると答えは大きくなる」その理由を, 自分自身で見つけだしてください。

公益財団法人 日本数学検定協会

目 次

まえがき	3
目次	5
この本の使い方	6
検定概要	8
受検方法	9
階級の構成	10
8級の検定基準(抄)	11

第1章 数と式に関する問題 …… 13
- 1-1 整数 …… 14
- 1-2 小数 …… 18
- 1-3 分数 …… 24
- 1-4 大きな数とがい数 …… 30
- 1-5 式にしてみよう …… 34
- 確認テスト …… 40

第2章 時間と重さに関する問題 …… 43
- 2-1 時間 …… 44
- 2-2 重さ …… 48
- 確認テスト …… 50

第3章 表とグラフに関する問題 …… 53
- 3-1 表とグラフ …… 54
- 3-2 まちがいをさがそう …… 60
- 確認テスト …… 64

チャレンジ！長文問題 …… 67

付録 図形に関する問題 …… 73
- 1 円と球 …… 74
- 2 平行と垂直 …… 80
- 3 三角形と四角形 …… 82
- 4 面積 …… 86
- 5 直方体と立方体 …… 88
- 確認テスト …… 94

解答と解説 …… 97

この本の使い方

この本は文章題を中心とした問題集です。
　問題を解くために必要な情報を，問題文から正しく読み取れるようになることを目指しています。
　「例題」「練習」「確認テスト」の順に問題を解いて，問題文の読みかたを身に付けましょう。
※『算数検定』受検に対応するように，付録として図形問題ものせています。

1 例題を読む

重要な部分には，問題文に色や下線が付いています。
どこに注目すればよいか，考えながら読みましょう。

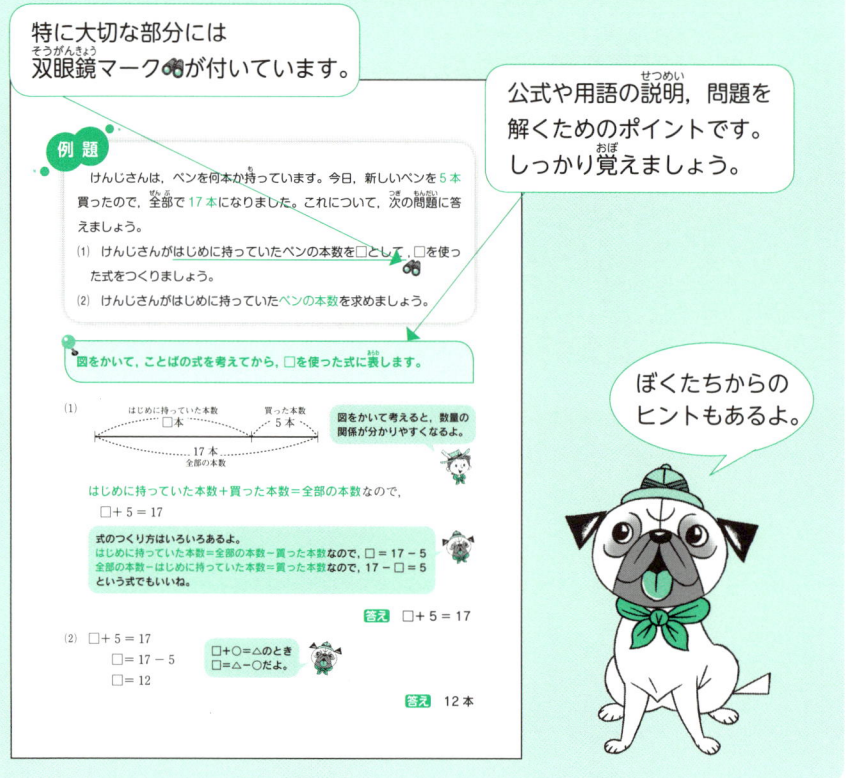

2 練習問題を解く

穴うめ問題になっています。
例題の考えかたを参考にしながら穴うめしましょう。

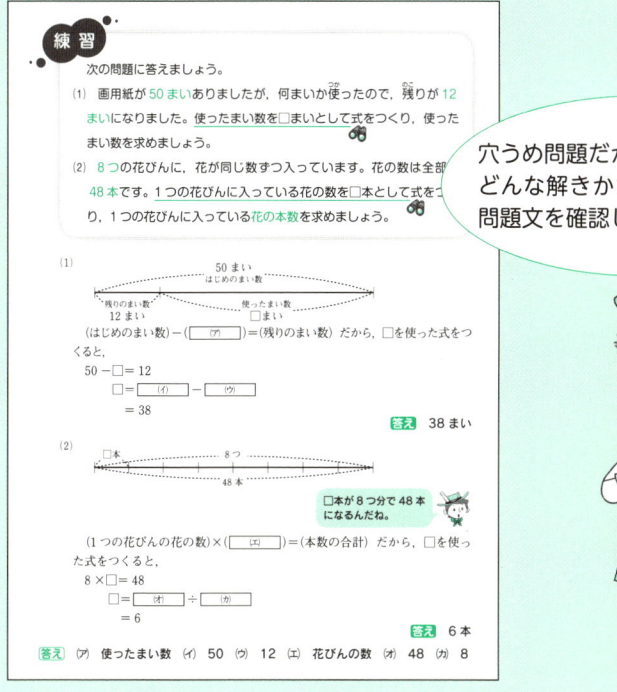

3 確認テストを解く

章の最後には確認テストがあります。問題文に色や下線は付いていません。
自分で問題を読み解くことができるか，チャレンジしてみましょう。

長文問題にチャレンジ！

付録の前に，チャレンジ問題として長文問題をのせています。
日常会話や資料などの長文を読んで，必要な情報を見つけ出し，問題を解いてみましょう。

検定概要

「実用数学技能検定」とは

「実用数学技能検定」(後援＝文部科学省。対象：1～11級)は，数学・算数の実用的な技能(計算・作図・表現・測定・整理・統計・証明)を測る「記述式」の検定で，公益財団法人日本数学検定協会が実施している全国レベルの実力・絶対評価システムです。

検定階級

1級，準1級，2級，準2級，3級，4級，5級，6級，7級，8級，9級，10級，11級，かず・かたち検定のゴールドスター，シルバースターがあります。おもに，数学領域である1級から5級までを「数学検定」と呼び，算数領域である6級から11級，かず・かたち検定までを「算数検定」と呼びます。

1次：計算技能検定／2次：数理技能検定

数学検定(1～5級)には，計算技能を測る「1次：計算技能検定」と数理応用技能を測る「2次：数理技能検定」があります。算数検定(6～11級，かず・かたち検定)には，1次・2次の区分はありません。

「実用数学技能検定」の特長とメリット

①「記述式」の検定

解答を記述することで，答えに至る過程や結果について理解しているかどうかをみることができます。

②学年をまたぐ幅広い出題範囲

準1級から10級までの出題範囲は，目安となる学年とその下の学年の2学年分または3学年分にわたります。1年前，2年前に学習した内容の理解についても確認することができます。

③取り組みがかたちになる

検定合格者には「合格証」を発行します。算数検定では，合格点に満たない場合でも，「未来期待証」を発行し，算数の学習への取り組みを証します。

合格証

未来期待証

受検方法

受検方法によって，検定日や検定料，受検できる階級や申込方法などが異なります。くわしくは公式サイトでご確認ください。

個人受検

日曜日に年3回実施する個人受検A日程と，土曜日に実施する個人受検B日程があります。
個人受検B日程で実施する検定回や階級は，会場ごとに異なります。

団体受検

団体受検とは，学校や学習塾などで受検する方法です。団体が選択した検定日に実施されます。
くわしくは学校や学習塾にお問い合わせください。

検定日当日の持ち物

持ち物	1～5級 1次	1～5級 2次	6～8級	9～11級	かず・かたち検定
受検証(写真貼付)※1	必須	必須	必須	必須	
鉛筆またはシャープペンシル(黒のHB・B・2B)	必須	必須	必須	必須	必須
消しゴム	必須	必須	必須	必須	必須
ものさし(定規)		必須	必須	必須	
コンパス		必須	必須		
分度器			必須		
電卓(算盤)※2		使用可			

※1 団体受検では受検証は発行・送付されません。
※2 使用できる電卓の種類　○一般的な電卓　○関数電卓　○グラフ電卓
　　通信機能や印刷機能をもつもの，携帯電話・スマートフォン・電子辞書・パソコンなどの電卓機能は使用できません。

階級の構成

	階級	構成	検定時間	出題数	合格基準	目安となる学年
数学検定	1級	1次：計算技能検定 2次：数理技能検定 があります。 はじめて受検するときは1次・2次両方を受検します。	1次：60分 2次：120分	1次：7問 2次：2題必須・5題より2題選択	1次：全問題の70%程度 2次：全問題の60%程度	大学程度・一般
数学検定	準1級					高校3年程度 (数学Ⅲ・数学C程度)
数学検定	2級		1次：50分 2次：90分	1次：15問 2次：2題必須・5題より3題選択		高校2年程度 (数学Ⅱ・数学B程度)
数学検定	準2級			1次：15問 2次：10問		高校1年程度 (数学Ⅰ・数学A程度)
数学検定	3級		1次：50分 2次：60分	1次：30問 2次：20問		中学校3年程度
数学検定	4級					中学校2年程度
数学検定	5級					中学校1年程度
算数検定	6級	1次／2次の区分はありません。	50分	30問	全問題の70%程度	小学校6年程度
算数検定	7級					小学校5年程度
算数検定	8級					小学校4年程度
算数検定	9級					小学校3年程度
算数検定	10級		40分	20問		小学校2年程度
算数検定	11級					小学校1年程度
かず・かたち検定	ゴールドスター			15問	10問	幼児
かず・かたち検定	シルバースター					

8級の検定基準（抄）
検定内容および技能の概要

検定の内容	技能の概要	目安となる学年
整数の四則混合計算，小数・同分母の分数の加減，概数の理解，長方形・正方形の面積，基本的な立体図形の理解，角の大きさ，平行・垂直の理解，平行四辺形・ひし形・台形の理解，表と折れ線グラフ，伴って変わる2つの数量の関係の理解，そろばんの使い方 など	**身近な生活に役立つ算数技能** 1. 都道府県人口の比較ができる。 2. 部屋，家の広さを算出することができる。 3. 単位あたりの料金から代金が計算できる。	小学校4年程度
整数の表し方，整数の加減，2けたの数をかけるかけ算，1けたの数でわるわり算，小数・分数の意味と表し方，小数・分数の加減，長さ・重さ・時間の単位と計算，時刻の理解，円と球の理解，二等辺三角形・正三角形の理解，数量の関係を表す式，表や棒グラフの理解 など	**身近な生活に役立つ基礎的な算数技能** 1. 色紙などを，計算して同じ数に分けることができる。 2. 調べたことを表や棒グラフにまとめることができる。 3. 体重を単位を使って比較できる。	小学校3年程度

8級の検定内容は以下のような構造になっています。

小学校4年程度	小学校3年程度	特有問題
45%	45%	10%

※割合はおおよその目安です。
※検定内容の10%にあたる問題は，実用数学技能検定特有の問題です。

1章 数と式に関する問題

例題

あるお店では，クッキーが 24 まい入っている箱と 30 まい入っている箱の 2 種類のつめあわせを売っています。

(1) 24 まい入りの箱を 3 つ買うと，クッキーは全部で何まいになりますか。

(2) 30 まい入りの箱を 4 つ買うと，クッキーは全部で何まいになりますか。

> 箱は 2 種類あるよ。どちらの箱をいくつ買うのかな？

(3) 24 まい入りの箱と 30 まい入りの箱を 5 つずつ買うと，クッキーは全部で何まいになりますか。

クッキーの数は，1 箱に入っている数に買った箱の数をかけて求めることができます。

(1) 24 まい入りの箱を 3 つ買うので，
$24 \times 3 = 72$（まい）

```
  2 4
×   3
─────
  ¹2
```
一の位を計算する。
$4 \times 3 = 12$

```
  2 4
×   3
─────
  7 2
```
十の位を計算する。
$2 \times 3 + 1 = 7$

答え 72 まい

(2) 30 まい入りの箱を 4 つ買うので，
$30 \times 4 = 120$（まい）

> 30 は 10 が 3 こだから，30 × 4 は，10 が（3 × 4）こで，10 が 12 こだから，120

答え 120 まい

(3) 24 まい入りが 5 箱で，$24 \times 5 = 120$（まい）
30 まい入りが 5 箱で，$30 \times 5 = 150$（まい）
全部で，$120 + 150 = 270$（まい）

> まとめて考えて，1 つの式にすることもできるね。
> $(24 + 30) \times 5 = 54 \times 5 = 270$（まい）

答え 270 まい

練習

友達のたん生日プレゼントを用意するために，あいこさんたち6人は，1人400円ずつ出し合いました。集まったお金で，1さつ780円の本を2さつ買い，残りのお金で花を買います。これについて，次の問題に答えましょう。消費税はねだんにふくまれているので，考える必要はありません。

(1) 集まったお金は全部で何円ですか。
(2) 本2さつの代金は何円ですか。
(3) 花を買うために残っているお金は何円ですか。

> 問題文をよく読んで，たし算・ひき算・かけ算・わり算のどれを使えばよいか考えましょう。

(1) 集まったお金は，1人が出したお金に ［ア］ をかけて求めることができるので，
 400 × 6 = 2400（円）

> 400は100が4こだから，400×6は，100が（4×6）こ，つまり，100が24こだね。

 2400円

(2) 本の代金は，［イ］ にさつ数をかけて求めることができるので，
 780 × ［ウ］ = 1560（円）

 1560円

(3) 花を買うために残っているお金は，［エ］ から ［オ］ をひいて求めることができるので，
 2400 − 1560 = 840（円）

> 残っているお金を知りたいからひき算を使うんだね。

答え 840円

答え (ア) 人数（6） (イ) 1さつのねだん（780） (ウ) 2
(エ) 集まったお金 (オ) 本の代金

例題

48まいある色紙を、子どもたちに配ります。これについて、次の問題に答えましょう。

(1) 色紙を1人6まいずつ配ると、何人に配ることができますか。

> どんな計算で求められるかな？

(2) 4人に同じ数ずつ配ると、1人分の色紙は何まいになりますか。

(3) 1人に5まいずつ配ると、色紙は何まいあまりますか。

> 求めるものは何かな？

同じ数ずつ分けたとき、分けることのできる人数や1人分の数を求める場合には、わり算を使います。

(1) 人数は、**色紙全部の数を1人分の数でわって**求めることができます。

$$48 \div 6 = 8\ (人)$$

答え 8人

(2) 1人分の数は、**色紙全部の数を人数でわって**求めることができます。

$$48 \div 4 = 12\ (まい)$$

答え 12まい

(3) (1)と同じように考えると、

$$48 \div 5 = 9\ あまり\ 3$$

↓

色紙は9人に配ることができて、3まいあまる

> あまった色紙の数をきかれているから、答えは、「3まい」と書けばいいね。

答え 3まい

練習

ある学校の4年生の児童96人が，3台のバスに分かれて乗って，動物園へ行きました。これについて，次の問題に答えましょう。

(1) バスに同じ人数ずつ分かれて乗ったとすると，1台のバスに児童は何人乗りましたか。

(2) 動物園では，児童が12人ずつのグループに分かれて見学しました。グループはいくつできましたか。

(3) 5人ずつすわれる長いすに，空きがないように全員がすわってし育員の話を聞きました。長いすは全部で何台必要ですか。

> 求めるものは何かな？

(1) 1台に乗る人数は，児童全員の人数を ［ ア ］ でわって求めることができるので，

96 ÷ 3 = 32（人）

```
    3
3 )9 6
```
十の位から計算する
9÷3
3をたてる

```
    3
3 )9 6
    9
    6
```
3と3をかける
9から9をひく
一の位の6をおろす

```
   3 2    6÷3
3 )9 6    2をたてる
   9
   6      3と2をかける
   6      6から6をひく
   0
```

答え 32人

(2) グループの数は，児童全員の人数を ［ イ ］ でわって求めることができるので，

96 ÷ 12 = 8（つ）

```
    □
12 )9 6
```
商は一の位にたつ
90÷12で商の見当をつける

→
```
     9
12 )9 6
   1 0 8
```
商を9とすると，大きすぎる

→
```
     8
12 )9 6
    9 6
     0
```

答え 8つ

(3) 96 ÷ 5 = 19 あまり 1

19台の長いすに，5人ずつすわっていくと1人あまる

> あまりの1人がすわるための長いすも必要だね。

19 + ［ ウ ］ = 20（台）

答え 20台

答え (ア) バスの台数（3） (イ) 1グループの人数（12） (ウ) 1

例題

下の数直線を見て、次の問題に答えましょう。

(1) ㋐のめもりが表す数を小数で答えましょう。

> 1 めもりの大きさはいくつかな？

(2) 2.3 を表すめもりは、㋒、㋓、㋔のうち、どれですか。

> 2.3 は 2 よりもどれだけ大きい？

(3) ㋐と㋑のめもりが表す数をたすと、いくつになりますか。小数で答えましょう。

小数のしくみ
1 を 10 等分した 1 つ分の大きさが 0.1
0.1 を 10 等分した 1 つ分の大きさが 0.01
0.01 を 10 等分した 1 つ分の大きさが 0.001

数直線の 1 めもりは、1 を 10 等分した 1 つ分の大きさなので、0.1 を表しています。

(1) ㋐は、1 より 2 めもり左にあります。1 より 0.2 小さいから、0.8 です。

答え 0.8

(2) 2.3 は、2 より 0.3 大きいから、2 より 3 めもり右にあります。㋓のめもりです。

答え ㋓

(3) ㋑は 1.6 を表しています。㋐と㋑をたすと、
$0.8 + 1.6 = 2.4$

$$\begin{array}{r} 0.8 \\ +\ 1.6 \\ \hline 2.4 \end{array}$$

答え 2.4

練習

下の数直線を見て，次の問題に小数で答えましょう。

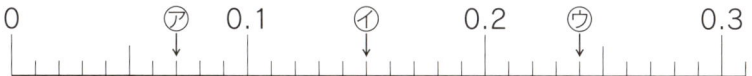

(1) ㋐，㋑，㋒のめもりが表す数はそれぞれいくつですか。

> 1 めもりの大きさはいくつかな？

(2) ㋐と㋑のめもりが表す数をたすと，いくつになりますか。

> 筆算をしてみよう。

(3) ㋒から㋐の数をひくと，いくつになりますか。

> 1 めもりは 0.1 を 10 等分した 1 つ分の大きさなので，0.01 を表しているね。

(1) 0.1 より [㋐] めもり左にあるので，㋐は 0.07
　　0.1 より [㋑] めもり右にあるので，㋑は 0.15
　　[㋒] より 4 めもり右にあるので，㋒は 0.24

答え ㋐ 0.07　㋑ 0.15　㋒ 0.24

(2) ㋐と㋑の数をたすと，
　　[㋓] ＋ [㋔] ＝ 0.22

```
  0.07
+ 0.15
------
  0.22
```

筆算で計算するときは，小数点の位置をそろえます。整数のたし算と同じように計算し，上の小数点にそろえて，答えの小数点をうちます。

答え 0.22

(3) ㋒から㋐の数をひくと，
　　[㋕] ー [㋖] ＝ 0.17

```
  0.24
- 0.07
------
  0.17
```

筆算で計算するときは，小数点の位置をそろえます。整数のひき算と同じように計算し，上の小数点にそろえて，答えの小数点をうちます。

答え 0.17

答え ㋐ 3　㋑ 5　㋒ 0.2　㋓ 0.07　㋔ 0.15　㋕ 0.24　㋖ 0.07

例題

あゆみさんと妹は、おじいさんの畑でさつまいものしゅうかくを手伝いました。しゅうかくしたさつまいもの重さは、あゆみさんが 3.67kg、妹が 2.84kg でした。これについて、次の問題に答えましょう。

(1) あゆみさんと妹がしゅうかくしたさつまいもの重さは、合わせて何 kg ですか。

(2) あゆみさんがしゅうかくしたさつまいもの重さは、妹がしゅうかくしたさつまいもの重さより何 kg 重いですか。

> 小数のたし算・ひき算は、同じ位どうしでたしたり、ひいたりします。

(1) 2人のしゅうかくしたさつまいもの重さの和を求めればよいので、

$3.67 + 2.84 = 6.51$ (kg)

```
  3.67
+ 2.84
```
筆算で計算するときは、小数点の位置をそろえます。

```
  3.67
+ 2.84
  ────
  6.51
```
整数のたし算と同じように計算し、上の小数点にそろえて、答えの小数点をうちます。

答え 6.51kg

(2) 2人のしゅうかくしたさつまいもの重さの差を求めればよいので、あゆみさんがしゅうかくしたさつまいもの重さから、妹がしゅうかくしたさつまいもの重さをひきます。

$3.67 - 2.84 = 0.83$ (kg)

```
  3.67
- 2.84
```
筆算で計算するときは、小数点の位置をそろえます。

```
  3.67
- 2.84
  ────
  0.83
```
整数のひき算と同じように計算し、上の小数点にそろえて、答えの小数点をうちます。

└─ 一の位には0をかく

> 「○は△よりどれだけ多いですか。」の問題は、○-△で答えを求めるよ。
> 「○は△よりどれだけ少ないですか。」の問題の場合は、△-○で求めればいいね。

答え 0.83kg

練習

下の図のように、あきらさんの家から図書館までの道のりは 2.18km、あきらさんの家から学校までの道のりは 1.42km です。これについて、次の問題に答えましょう。

(1) 図書館からあきらさんの家の前を通って学校まで行くとき、その道のりは何 km ですか。

(2) あきらさんの家から図書館までの道のりは、あきらさんの家から学校までの道のりより何 km 長いですか。

---

(1) あきらさんの家から図書館までの道のりと、あきらさんの家から学校までの道のりの ［ア］ を求めればよいので、

2.18 + 1.42 = 3.6 （km）

```
  2.18
+ 1.42
------
  3.60
```

右はしの0は消そうね。

答え 3.6km

(2) あきらさんの家から ［イ］ までの道のりと、あきらさんの家から ［ウ］ までの道のりの差を求めればよいので、

2.18 − 1.42 = 0.76 （km）

```
  2.18
− 1.42
------
  0.76
```
└ 一の位には0をかく

答え 0.76km

答え (ア) 和 (イ) 図書館 (ウ) 学校

例題

さとうが 2.4kg 入ったふくろがあります。これについて，次の問題に答えましょう。

(1) このふくろ 3 ふくろ分のさとうの重さは全部で何 kg になりますか。

　　　どんな計算で求められるかな？

(2) 1 ふくろ分のさとうを 4 人で同じ重さずつあまりがないように分けるとき，1 人分は何 kg になりますか。

> 小数に整数をかけるかけ算や，小数を整数でわるわり算は，整数のときと同じように考えて計算することができます。

(1) 全部のさとうの重さは，**1 ふくろのさとうの重さ×ふくろの数**の式で求めることができます。

$$2.4 \times 3 = 7.2 \text{ (kg)}$$

```
  2.4
×  3
─────
  7.2
```

小数点を考えないで，整数のかけ算と同じように計算してから，かけられる数の小数点にそろえて，積の小数点をうちます。

答え 7.2kg

(2) 1 人分のさとうの重さは，**1 ふくろのさとうの重さ÷人数**の式で求めることができます。

$$2.4 \div 4 = 0.6 \text{ (kg)}$$

商の一の位に 0 をかく

```
     0.6
  ┌─────
4 │ 2.4
    2 4
  ─────
      0
```

小数点を考えないで，整数のわり算と同じように計算してから，わられる数の小数点にそろえて，商の小数点をうちます。

答え 0.6kg

練習

大根が 1 本，トマトが 4 こ，玉ねぎが 5 こ，木箱に入っています。それぞれの野菜を取り出して重さをはかると，大根は 1 本 0.97kg，トマトは 1 こ 0.15kg，玉ねぎは 5 こで 1.2kg でした。これについて，次の問題に答えましょう。

(1) トマト 4 この重さは何 kg ですか。

(2) 玉ねぎが全部同じ重さだとすると，玉ねぎ 1 この重さは何 kg ですか。

求めるものは何かな？

(3) 箱の重さは 0.82kg です。箱と野菜の重さは，全部で何 kg ですか。

---

(1) トマト 4 この重さは，(トマト 1 この重さ)×(㋐) の式で求めることができるので，

$0.15 \times 4 = 0.6$ (kg)

```
   0.15
 ×    4
   0.60
```

右はしの0は消そうね。

答え 0.6kg

(2) 玉ねぎ 1 この重さは，(㋑)÷5 の式で求めることができるので，

$1.2 \div 5 = 0.24$ (kg)

```
    0.24
 5)1.20
    10
    20
    20
     0
```

1.2を1.20と考える

整数のわり算と同じように，0をつけたしてわり進めばいいね。

答え 0.24kg

(3) (箱の重さ)+(大根 1 本の重さ)+(トマト 4 この重さ)+(玉ねぎ 5 この重さ) の式で求められるから，

㋒ + 0.97 + ㋓ + ㋔ = 3.59 (kg)

答え 3.59kg

答え ㋐ こ数 (4) ㋑ 玉ねぎ 5 この重さ ㋒ 0.82 ㋓ 0.6 ㋔ 1.2

例題

次の問題に答えましょう。

(1) 右の図を見て，下の□にあてはまる数を答えましょう。

$\frac{2}{4} = \frac{□}{6}$

$\frac{2}{4}$のめもりの位置をさがそう。

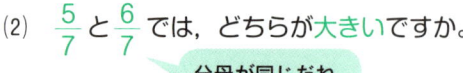

(2) $\frac{5}{7}$ と $\frac{6}{7}$ では，どちらが大きいですか。

分母が同じだね。

(3) $\frac{1}{3}$ と $\frac{1}{5}$ では，どちらが大きいですか。

分子が同じだね。

---

(1) めもりの位置が同じであれば，大きさが等しいことになります。
$\frac{2}{4} = \frac{3}{6}$

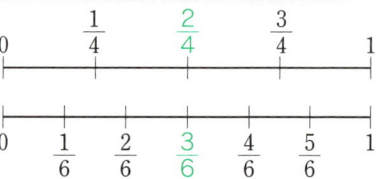

上の数直線は，1めもりが1を4等分した1つ分の大きさなので，1めもりは $\frac{1}{4}$ を表しているよ。下の数直線は，1めもりが1を6等分した1つ分の大きさなので，1めもりは $\frac{1}{6}$ を表しているよ。

答え 3

(2) 分母が同じ分数は，分子が大きいほど，分数は大きくなります。

$\frac{5}{7} < \frac{6}{7}$

答え $\frac{6}{7}$

(3) 分子が同じ分数は，分母が小さいほど，分数は大きくなります。

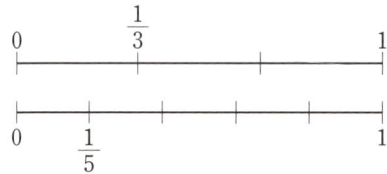

$\frac{1}{3} > \frac{1}{5}$

答え $\frac{1}{3}$

24

練習

下の数直線を見て、次の問題に答えましょう。

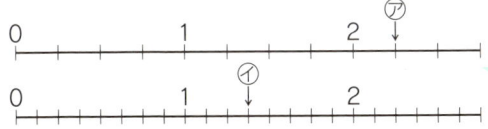

1めもりの大きさはいくつかな？

(1) ㋐, ㋑のめもりが表す分数はそれぞれいくつですか。帯分数で答えましょう。

(2) 下の□にあてはまる数を答えましょう。

$$\frac{□}{4} = \frac{6}{8}$$

仮分数と帯分数をくらべるときはどうすればいいかな？

(3) $\frac{5}{4}$ と $1\frac{1}{8}$ では、どちらが小さいですか。

$\frac{2}{7}$ のように、分子が分母より小さい分数を真分数といいます。
$\frac{5}{5}$ や $\frac{9}{5}$ のように、分子が分母と等しいか、分子が分母より大きい分数を仮分数といいます。
$1\frac{2}{9}$ のように、整数と真分数の和の形になっている分数を帯分数といいます。

---

(1) 上の数直線は1めもりが $\frac{1}{4}$ 。㋐は2より □㋐ めもり右にあるので、$2\frac{1}{4}$
下の数直線は1めもりが $\frac{1}{8}$ 。㋑は □㋑ より3めもり右にあるので、$1\frac{3}{8}$

答え ㋐ $2\frac{1}{4}$ ㋑ $1\frac{3}{8}$

(2)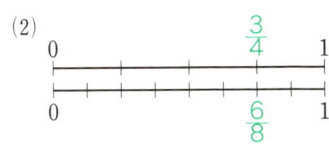

めもりの位置が同じところを見つけよう。

$$\frac{□㋒}{4} = \frac{6}{8}$$

答え 3

(3) 仮分数を帯分数に直して、大きさをくらべます。$\frac{5}{4} = 1\frac{□㋓}{4}$ で、整数部分は $1\frac{1}{8}$ と同じ1なので、分数部分をくらべます。分子が同じ分数は、分母が大きいほど、分数は小さくなります。$1\frac{1}{4} > 1\frac{1}{8}$

答え $1\frac{1}{8}$

答え ㋐ 1 ㋑ 1 ㋒ 3 ㋓ 1

例題

お茶が、やかんの中に $\frac{6}{7}$ L、水とうの中に $\frac{4}{7}$ L 入っています。これについて、次の問題に分数で答えましょう。

(1) お茶は、全部で何Lありますか。帯分数で答えましょう。

> どんな計算で求められるかな？

(2) やかんの中のお茶は、水とうの中のお茶より何L多いですか。

> 分母が同じ分数のたし算・ひき算は、分母はそのままにして、分子だけを計算します。

(1) やかんと水とうのお茶の量をたせばよいので、
$$\frac{6}{7} + \frac{4}{7} = \frac{10}{7} \text{ (L)}$$

> $\frac{6}{7}$ は $\frac{1}{7}$ が6こ分、$\frac{4}{7}$ は $\frac{1}{7}$ が4こ分で、あわせて $\frac{1}{7}$ が 6＋4＝10 こ分になるね。

$\frac{1}{7}$ が7こ分で1だから、$10 \div 7 = 1$ あまり 3 で、$\frac{10}{7} = 1\frac{3}{7}$
（分子　分母）

答え　$1\frac{3}{7}$ L

(2) やかんのお茶の量から水とうのお茶の量をひけばよいので、
$$\frac{6}{7} - \frac{4}{7} = \frac{2}{7} \text{ (L)}$$

> $\frac{6}{7}$ は $\frac{1}{7}$ が6こ分、$\frac{4}{7}$ は $\frac{1}{7}$ が4こ分で、ひくと、$\frac{1}{7}$ が 6－4＝2 こ分になるね。

答え　$\frac{2}{7}$ L

練習

しおりさんの家から学校へ行く道のとちゅうには、公園と交番があります。家から公園までの道のりは $\frac{4}{9}$ km、公園から交番までの道のりは $\frac{5}{9}$ km、交番から学校までの道のりは $\frac{7}{9}$ km です。これについて、次の問題に分数で答えましょう。

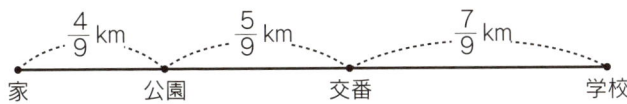

(1) 公園から交番までの道のりは、交番から学校までの道のりより何 km 短いですか。

(2) しおりさんの家から学校までの道のりは、何 km ですか。帯分数で答えましょう。

---

(1) 交番から ［ ㋐ ］ までの道のりと、［ ㋑ ］ から交番までの道のり 差を求めればよいので、

$$\frac{7}{9} - \frac{5}{9} = \frac{2}{9} \text{(km)}$$

答え $\frac{2}{9}$ km

(2) 家から公園までの道のりと、公園から交番までの道のり、交番から学校までの道のりの和を求めればよいので、

$$\frac{4}{9} + \frac{5}{9} + \frac{7}{9} = \frac{16}{9}$$
$$= 1\frac{7}{9} \text{(km)}$$

3つの数のたし算も2つの数のときと同じように計算すればいいね。

答え $1\frac{7}{9}$ km

答え ㋐ 学校 ㋑ 公園

例題

赤と白のテープがあります。赤のテープの長さは $1\frac{4}{5}$ m,白のテープの長さは $2\frac{3}{5}$ m です。これについて,次の問題に分数で答えましょう。

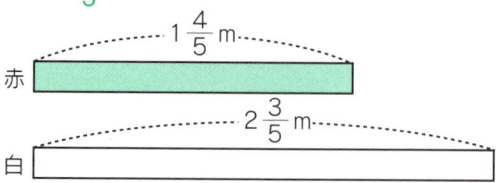

(1) 赤と白のテープを重ならないようにつなげると,長さは何 m になりますか。

どんな計算で求められるかな?

(2) 白のテープは,赤のテープより何 m 長いですか。

帯分数のたし算・ひき算は,帯分数を整数部分と分数部分に分けて計算するか,帯分数を仮分数に直して計算します。

---

(1) 重ならないようにつなげた長さなので,式は,$1\frac{4}{5} + 2\frac{3}{5}$ になります。

【整数部分と分数部分に分ける】

$$1\frac{4}{5} + 2\frac{3}{5} = (1+2) + \left(\frac{4}{5} + \frac{3}{5}\right)$$
$$= 3\frac{7}{5}$$
$$= 4\frac{2}{5} \text{ (m)}$$

$3\frac{7}{5}$ と答えてはだめだよ。正しい帯分数にして答えよう。

【仮分数に直す】

$$1\frac{4}{5} + 2\frac{3}{5} = \frac{9}{5} + \frac{13}{5}$$
$$= \frac{22}{5}$$
$$= 4\frac{2}{5} \text{ (m)}$$

答え $4\frac{2}{5}$ m

(2) 長さの差を求めるので,式は,$2\frac{3}{5} - 1\frac{4}{5}$ になります。

【整数部分と分数部分に分ける】

$$2\frac{3}{5} - 1\frac{4}{5} = (2-1) + \left(\frac{3}{5} - \frac{4}{5}\right)$$
$$= (1-1) + \left(\frac{8}{5} - \frac{4}{5}\right)$$
$$= \frac{4}{5} \text{ (m)}$$

ひけないので,整数部分から分数部分にくり下げる

【仮分数に直す】

$$2\frac{3}{5} - 1\frac{4}{5} = \frac{13}{5} - \frac{9}{5}$$
$$= \frac{4}{5} \text{ (m)}$$

答え $\frac{4}{5}$ m

練習

しんごさんの体重は $25\frac{3}{7}$ kg, お父さんの体重は $64\frac{1}{7}$ kg です。これについて, 次の問題に分数で答えましょう。

(1) お父さんの体重はしんごさんの体重より何kg重いですか。

(2) しんごさんがペットの犬をだいて体重を量ると, 34kgでした。犬の体重は何kgですか。

　　　　　どんな式になるかな？

(1) (　(ア)　の体重) - (　(イ)　の体重) の式で求めることができるので,

[整数部分と分数部分に分ける]

$64\frac{1}{7} - 25\frac{3}{7} = 63\frac{\boxed{(ウ)}}{7} - 25\frac{3}{7}$
$= 38\frac{5}{7}$ (kg)

整数部分が大きい帯分数の場合は, 仮分数に直すより, 整数部分と分数部分を分けて計算する方が, 計算しやすいよ。

[仮分数に直す]

$64\frac{1}{7} - 25\frac{3}{7} = \frac{449}{7} - \frac{178}{7} = \frac{271}{7}$
$= 38\frac{5}{7}$ (kg)

答え $38\frac{5}{7}$ kg

(2) 犬の体重は, (犬をだいてはかったときの体重) - (　(エ)　の体重) の式で求めることができるので,

$34 - 25\frac{3}{7} = \boxed{(オ)}\frac{7}{7} - 25\frac{3}{7}$
$= 8\frac{4}{7}$ (kg)

整数34の一部を分母が7の分数に直して計算しよう。

答え $8\frac{4}{7}$ kg

答え (ア) お父さん (イ) しんごさん (ウ) 8 (エ) しんごさん (オ) 33

例題

ある月の日本の人口は，1億2755万4467人でした。この人口について，次の問題に答えましょう。

(1) 千の位を四捨五入して一万の位までのがい数で表すと，およそ何万人になりますか。

(2) 四捨五入して上から2けたのがい数で表すと，およそ何千万人になりますか。

およその数をがい数といいます。ある数をがい数で表すときは，どの位の数を四捨五入するのかに気をつけます。

＜四捨五入のしかた＞
・数が，0，1，2，3，4のとき → 切り捨てる
・数が，5，6，7，8，9のとき → 切り上げる

(1) 千の位は4なので，四捨五入するときは，切り捨てます。

127554467
　　↓
127550000

四捨五入する位から下の位は全部切り捨てます。

一億の位	千万の位	百万の位	十万の位	一万の位	千の位	百の位	十の位	一の位
1	2	7	5	5	4	4	6	7

答え およそ1億2755万人

(2) 上から3けための位は7なので，四捨五入するときは，切り上げます。

1 2̇ 7̇ 554467
　　↓
130000000

四捨五入する位から下の位は全部切り捨てます。

答え およそ1億3000万人

30

練習

右の表は，日本，中国，インド，タイの4か国の米の生産量を調べたものです。これについて，次の問題に答えましょう。

米の生産量（2012年）

国名	生産量（kg）
日本	106億5400万
中国	2042億8500万
インド	1526億
タイ	378億

(1) 日本の米の生産量は，およそ何億kgですか。四捨五入して上から2けたのがい数で表しなさい。

(2) 中国の米の生産量は，およそ何億kgですか。千万の位を四捨五入して一億の位までのがい数で表しなさい。

(3) インドの米の生産量はタイの米の生産量より何億kg多いですか。

(1) 日本の米の生産量の上から3けための位は　(ア)　だから，切り　(イ)　。

　　　1
　　106億
　　↓
　　110億

四捨五入する位をまちがえないでね

答え およそ110億kg

(2) 中国の米の生産量の千万の位は　(ウ)　だから，切り　(エ)　。

　　　　3
　2042億8500万
　　↓
　2043億

答え およそ2043億kg

(3) インドの米の生産量からタイの米の生産量をひいて，
　　1526億 − 378億 = 1148億（kg）

大きな数になっても，同じ位どうしでひいて計算すればいいね。

```
  1526億
−  378億
  1148億
```

答え 1148億kg

答え (ア) 6 (イ) 上げる (ウ) 8 (エ) 上げる

例題

右の表は，ある動物園の1か月ごとの入園者数を表したものです。これについて，次の問題に答えましょう。

動物園の入園者数	
6月	163542人
7月	246189人
8月	350764人

(1) 7月の入園者数はおよそ何人ですか。答えは百の位を四捨五入して，千の位までのがい数で求めましょう。

(2) 入園者がいちばん多い月といちばん少ない月の入園者数のちがいは，およそ何人ですか。百の位を四捨五入して，千の位までのがい数にしてから求めましょう。

和や差をおよその数で求めるときには，がい数で表してから計算すると便利です。

---

(1) 7月の入園者数は246189人で，百の位は1なので，切り捨てて，

246↘189
↓
246000

十万の位	一万の位	千の位	百の位	十の位	一の位
2	4	6	1	8	9

答え およそ246000人

(2) 入園者がいちばん多いのは8月で350764人，いちばん少ないのは6月で163542人です。それぞれの人数を，百の位を四捨五入して，千の位までのがい数にしてから計算して求めます。

350764人 → 351000人
163542人 → 164000人

それぞれ百の位を切り上げればいいね。

ちがいの数を求めるので，ひき算を使います。

351000 － 164000 ＝ 187000（人）

答え およそ187000人

練習

右の表は，2013年の国別の人口です。これについて，次の問題に答えましょう。

国名	人口（万人）
中国	136076
アメリカ	31637
インドネシア	24795
日本	12734
イタリア	5969

(1) 中国の人口は**およそ何人**ですか。答えは千万の位の数を四捨五入して，一億の位までのがい数で求めましょう。

(2) 日本の人口とインドネシアの人口のちがいは，**およそ何人**ですか。百万の位を四捨五入して，千万の位までのがい数にしてから求めましょう。

(3) アメリカの人口はイタリアの人口の**およそ何倍**ですか。アメリカとイタリアの人口を千万の位までのがい数で表してから計算し，答えは小数第1位を四捨五入して，整数で求めましょう。

---

(1) 中国の人口は 13 億 6076 万人で，千万の位は ［ ア ］ なので，切り ［ イ ］ ，

1 3̸ 6̸ 0 7 6
　　↓
1 4 0 0 0 0

人口の単位は「万人」だよ。位に気をつけよう。

十億の位	一億の位	千万の位	百万の位	十万の位	一万の位
1	3	6	0	7	6

答え およそ 14 億人

(2) 日本とインドネシアの人口を，千万の位までのがい数で表すと，
　　日　本　　→　　13 千万人
　　インドネシア　→　［ ウ ］千万人
　　［ ウ ］千万 − 13 千万 = 12 千万（人）

答え およそ 1 億 2000 万人

(3) アメリカとイタリアの人口を，千万の位までのがい数で表すと，
　　アメリカ　→　［ エ ］千万人
　　イタリア　→　6 千万人
　　［ エ ］千万 ÷ 6 千万 = 5.3… ⇒およそ 5 倍

答え およそ 5 倍

答え ㋐ 6　㋑ 上げて　㋒ 25　㋓ 32

大きな数とがい数

例題

次の3つの式は，ある物を買ったときの代金を求める式を表したものです。それぞれの式に合う場面を，下のあからうの中から1つずつ選んで，その記号で答えましょう。

(1)　80 + 30 × 10
(2)　(80 + 30) × 10
(3)　80 × 30 + 10

> 何をいくつ買うのかな？

　あ　80円のジュースを30パックと10円のあめを1こ買ったときの代金

　い　80円のジュースを1パックと30円のガムを10こ買ったときの代金

　う　80円のジュースを10パックと30円のラムネを10こ買ったときの代金

　同じものを何こか買うときの代金は，**かけ算**で求めることができます。2つ以上のもののねだんの合計は，**たし算**で求めることができます。

(1)　80 + 30 × 10
　　80円のも　30円のもの
　　のを1こ　　を10こ

> 80 + 30 × 10 は，80 × 1 + 30 × 10 と同じだね。

答え　い

(2)　(80 + 30) × 10
　　80円のもの　10こ分
　　と30円のも
　　のの合計

> (80 + 30) × 10 = 80 × 10 + 30 × 10
> と同じだから，
> 　　80 × 10　　+　　30 × 10
> 80円のものを10こ　30円のものを10こ
> と考えることもできるね。

答え　う

(3)　80 × 30 + 10
　　80円のもの　10円のも
　　を30こ　　　のを1こ

> 80 × 30 + 10 は，80 × 30 + 10 × 1 と同じだね。

答え　あ

練習

あつこさんは，1さつ150円のノートを3さつと，1本90円のペンを5本買って，1000円札1まいではらいました。これについて，次の問題に答えましょう。

(1) おつりを求める式を1つの式で表しましょう。
(2) おつりは何円ですか。

計算の順じょ
ふつう，左から計算し，①（ ）の中，②×，÷，③＋，－の順に計算します。

(1) 代金は，ノート3さつのねだんと ［ ア ］ のねだんをたして求めることができ，おつりは，［ イ ］ から商品の代金をひいて求めることができるので，

ねだんをまとめるので，（ ）にいれる
1000 －（150 × 3 ＋ 90 × 5）
出したお金　ノートのねだん　ペンのねだん

先に計算する部分を（ ）でまとめよう。

（ ）を使わずに 1000 － 150 × 3 － 90 × 5 でもいいよ。

答え 1000 －（150 × 3 ＋ 90 × 5）

(2) (1)でつくった式を計算すると，
　1000 －（150 × 3 ＋ 90 × 5）
＝ 1000 －（450 ＋ ［ ウ ］）
＝ 1000 － ［ エ ］
＝ 100 （円）

①（ ）の中のかけ算
②（ ）の中のたし算
③ひき算
の順に計算すればいいね。

答え 100 円

答え (ア) ペン5本　(イ) 出したお金（1000円）　(ウ) 450　(エ) 900

例題

けんじさんは，ペンを何本か持っています。今日，新しいペンを5本買ったので，全部で17本になりました。これについて，次の問題に答えましょう。

(1) けんじさんがはじめに持っていたペンの本数を□として，□を使った式をつくりましょう。

(2) けんじさんがはじめに持っていたペンの本数を求めましょう。

図をかいて，ことばの式を考えてから，□を使った式に表します。

(1)
はじめに持っていた本数　買った本数
　　　□本　　　　　　　　5本
　　　　　　17本
　　　　　全部の本数

図をかいて考えると，数量の関係が分かりやすくなるよ。

はじめに持っていた本数＋買った本数＝全部の本数なので，

□＋5＝17

式のつくり方はいろいろあるよ。
はじめに持っていた本数＝全部の本数−買った本数なので，□＝17−5
全部の本数−はじめに持っていた本数＝買った本数なので，17−□＝5
という式でもいいね。

答え □＋5＝17（□＝17−5，17−□＝5）

(2) 　□＋5＝17
　　　□＝17−5
　　　□＝12

□＋○＝△のとき
□＝△−○だよ。

答え 12本

練習

次の問題に答えましょう。

(1) 画用紙が 50まい ありましたが，何まいか使ったので，残りが 12まい になりました。使ったまい数を□まいとして式をつくり，使ったまい数を求めましょう。

(2) 8つの花びんに，花が同じ数ずつ入っています。花の数は全部で 48本 です。1つの花びんに入っている花の数を□本として式をつくり，1つの花びんに入っている花の本数 を求めましょう。

(1)

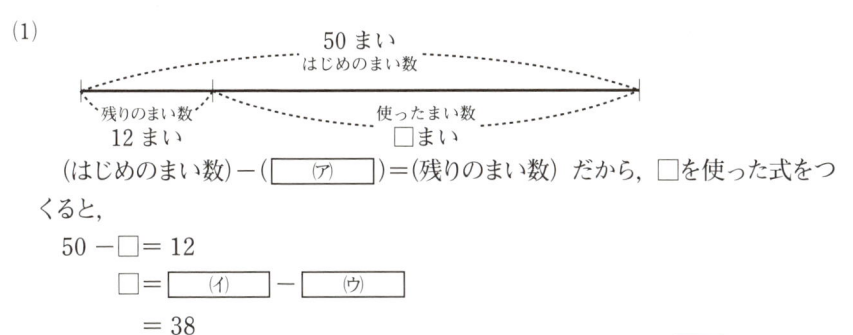

(はじめのまい数)−(ア)＝(残りのまい数) だから，□を使った式をつくると，

$50 - □ = 12$

$□ = $ (イ) $-$ (ウ)

$ = 38$

答え 38まい

(2)

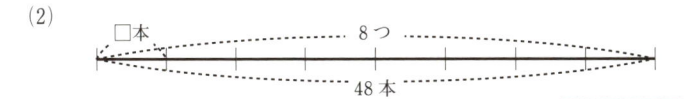

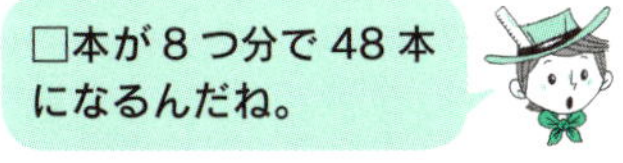

□本が8つ分で48本になるんだね。

(1つの花びんの花の数)×(エ)＝(本数の合計) だから，□を使った式をつくると，

$8 × □ = 48$

$□ = $ (オ) $÷$ (カ)

$ = 6$

答え 6本

答え (ア) 使ったまい数　(イ) 50　(ウ) 12　(エ) 花びんの数　(オ) 48　(カ) 8

例題

ひかりさんは，正方形の1辺の長さとまわりの長さの関係について調べました。1辺の長さを1cm，2cm，3cm，…と変えたときのまわりの長さは，下の表のようになりました。これについて，次の問題に答えましょう。

1辺の長さ（cm）	1	2	3	4	5
まわりの長さ（cm）	4	8	12	あ	20

> まわりの長さはどんな式で求めることができるかな？

(1) あにあてはまる数を求めましょう。

(2) 1辺の長さを○ cm，まわりの長さを△ cm として，○と△の関係を式に表しましょう。

(3) 1辺の長さが 8cm のとき，まわりの長さは何 cm になりますか。

---

(1) 正方形の辺は4つあり，すべて長さが等しくなっています。4cmの辺が4つあるので，
  $4 \times 4 = 16$ (cm)

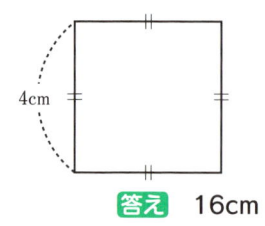

答え 16cm

(2) 1辺の長さ×辺の数＝まわりの長さなので，
  ○ × 4 ＝ △

> 辺の長さが変わっても，辺の数は4で変わらないね。

答え ○×4＝△ （○＝△÷4, △÷○＝4）

(3) (2)でつくった式の，○に数をあてはめて求めます。
  $8 \times 4 = 32$

> ○＝8だね。○がわかると△も求めることができるんだね。

答え 32cm

練習

下の表は，1本120円のジュースを買ったときの本数と代金の関係を表したものです。これについて，次の問題に答えましょう。

本　数（本）	1	2	3
代　金（円）	120	240	360

代金はどんな式で求めることができるかな？

(1) ジュースを5本買ったときの代金は何円ですか。

(2) 買ったジュースの本数を○本，そのときの代金を□円として，○と□の関係を式に表しましょう。

(3) あつしさんは，ジュースを何本か買って，代金として840円はらいました。あつしさんは，ジュースを何本買いましたか。

ことばの式を考えてから，○と□を使った式に表します。

(1) （ジュース1本のねだん）×（ ㋐ ）＝（代金） だから，
　　 ㋑ ×5＝600（円）

【答え】 600円

(2) (1)と同じように考えて，○と□を使った式に表すと，
　　（ジュース1本のねだん）×（本数）＝（代金）
　　　　　↓　　　　　　　↓　　　↓
　　　　 ㋒ 　　　×　　○　＝　□

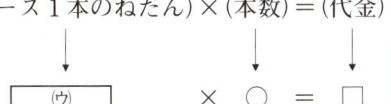

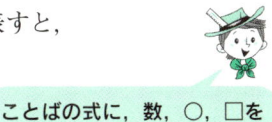

ことばの式に，数，○，□をそれぞれあてはめればいいね。

【答え】 120×○＝□　（○＝□÷120，□÷○＝120）

(3) 代金がわかっているから，(2)の式の□に ㋓ をあてはめると，
　　120×○＝840
　　　　○＝840÷120
　　　　○＝7

【答え】 7本

【答え】 ㋐ 本数　㋑ 120　㋒ 120　㋓ 840

式にしてみよう

第1章 **確認テスト** 答え P98

① 子ども会で遠足に行くために、24人から1人3000円ずつ集めました。これについて、次の問題に答えましょう。

(1) 24人の子どもたちを6人ずつのグループに分けると、いくつのグループができますか。

(2) 集めたお金のうち、かし切りバス代に58000円、動物園の入園料に7200円使います。残りのお金で、子どもたちに配るおかしを買うとすると、おかしを買うのに使えるお金は何円ですか。

② 下の数直線のア〜オのめもりの中から、次の数を表すめもりを選んで、記号で答えましょう。

```
0      ア     イ      0.5  ウ      エ       オ     1
```

(1) 0.01を33こ集めた数

(2) 1より0.13小さい数

(3) 1.7を10でわった数

③ 色紙が45まいありましたが、何まいか使ったので、残りが19まいになりました。これについて、次の問題に答えましょう。

(1) 使った色紙のまい数を□まいとして、□を使って式をつくりましょう。

(2) 使った色紙は何まいですか。

4 バナナ5本，オレンジ4こ，パイナップル1こをつめたかごがあります。それぞれの果物の重さは，バナナは5本で0.75kg，オレンジは1こ0.23kg，パイナップルは1こ1.48kgでした。かごの重さが0.3kgのとき，次の問題に答えましょう。

(1) バナナが全部同じ重さだとすると，バナナ1本の重さは何kgですか。

(2) 果物とかごの重さは，全部で何kgですか。

5 右の数直線を見て，次の問題に答えましょう。

(1) ア，イのめもりが表す分数を，仮分数と帯分数で答えましょう。

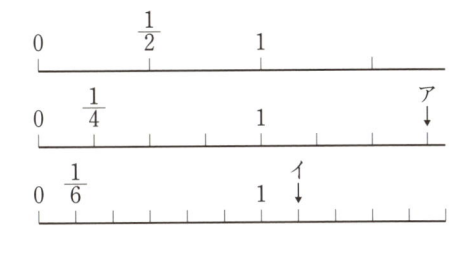

(2) 3つの分数 $\frac{1}{2}$, $\frac{1}{4}$, $\frac{4}{6}$ を小さい方から順にならべましょう。

6 しんじさんとまさとさんの2人は，スーパーでそれぞれおかしを買いました。おかしのねだんは，右の表のようになっています。2人の代金の式が，下のように表されるとき，しんじさんとまさとさんは，何をいくつ買いましたか。

おかし	ねだん
ガム	60円
ラムネ	70円
あめ	30円
ポテトチップ	90円

しんじさん　60×3＋30×5　　まさとさん　(70＋30)×3＋90

7 右の地図は，りかさんの家のまわりの地図です。

(1) 病院からりかさんの家と本屋の前を通って学校まで行くときの道のりは何kmですか。

(2) りかさんの家から病院までの道のりと，りかさんの家から本屋の前を通って学校まで行くときの道のりは，どちらが何km長いですか。

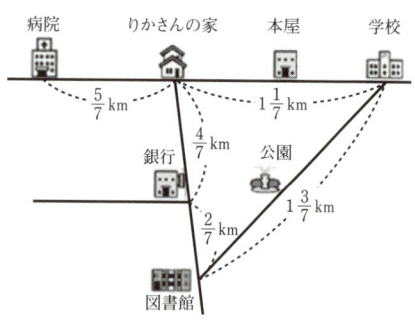

(3) 学校からりかさんの家と銀行の前を通って図書館まで行くときの道のりは，学校から公園の前を通って図書館まで行くときの道のりより何km長いですか。

8 のぞみさんが，けい帯電話のけい約数について調べたところ，2013年12月のけい帯電話のけい約数は1億3655万8000台，2008年12月のけい帯電話のけい約数は，1億582万5200台でした。

(1) 2013年12月のけい帯電話のけい約数を，四捨五入して上から2けたのがい数で表すと，およそ何千万台になりますか。

(2) 2013年12月のけい帯電話のけい約数は，2008年12月のけい帯電話のけい約数よりおよそ何台ふえましたか。千の位を四捨五入して，一万の位までのがい数にしてから求めましょう。

2章 時間と重さに関する問題

文章題練習帳 8級

例題

たくやさん，まさとさん，そうたさんの3人が1000mのコースを走りました。たくやさんは 5 分 32 秒 でゴールし，まさとさんは 6 分 51 秒 でゴールしました。そうたさんは，まさとさんより 24 秒おそくゴールしました。これについて，次の問題に答えましょう。

(1) そうたさんは，何分何秒でゴールしましたか。

(2) たくやさんは，まさとさんより何分何秒早くゴールしましたか。

> どんな計算で求められるかな？

1分より短い時間の単位に秒があります。1分＝60秒です。

(1) 6 分 51 秒より 24 秒おそい時間は，51 ＋ 24 ＝ 75（秒）より，6 分 75 秒です。75 秒は 1 分 15 秒なので，そうたさんがゴールしたのは，7 分から 15 秒後になります。

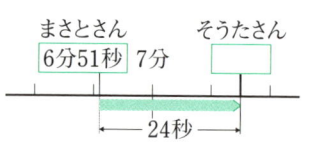

> 分と秒の単位ごとにわけて計算しよう。

答え 7 分 15 秒

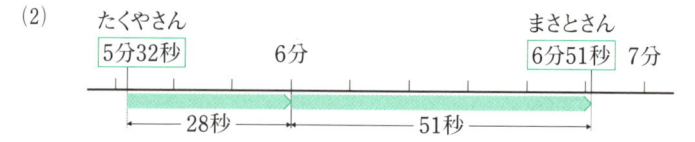

(2) 5 分 32 秒から 6 分までは，60 － 32 ＝ 28（秒）より，28 秒あります。6 分から 6 分 51 秒までは 51 秒あります。28 ＋ 51 ＝ 79（秒）なので，たくやさんはまさとさんより 79 秒早くゴールしたことになります。

79 秒は 1 分 19 秒です。

> 「何分何秒」ときかれているので，なおして答えよう。

答え 1 分 19 秒

練習

はるかさんは，家族といっしょに町のミニマラソン大会に参加しました。はるかさんは 28 分 36 秒でゴールし，妹は 37 分 15 秒でゴールしました。兄は，はるかさんより 7 分 50 秒早くゴールしました。これについて，次の問題に答えましょう。

(1) 兄は，何分何秒でゴールしましたか。

(2) はるかさんは，妹より何分何秒早くゴールしましたか。

> どんな計算で求められるかな？

(1)

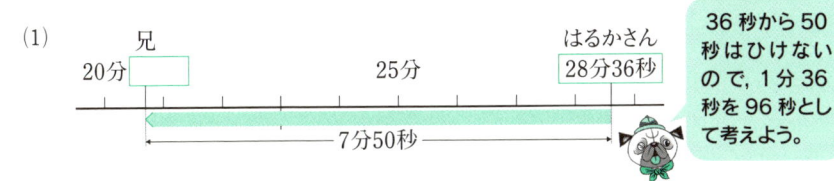

> 36 秒から 50 秒はひけないので，1 分 36 秒を 96 秒として考えよう。

28 分 36 秒を 27 分 96 秒とみて，27 － 7 ＝ ［ ア ］（分），96 － ［ イ ］ ＝ 46（秒）。兄がゴールしたのは，20 分 46 秒です。

答え 20 分 46 秒

(2) 37 分 15 秒を 36 分 ［ ウ ］ 秒とみて，36 － 28 ＝ ［ エ ］（分），［ ウ ］ － 36 ＝ 39（秒）より，はるかさんは妹より 8 分 39 秒早くゴールしたことになります。

答え 8 分 39 秒

（別の考え方）

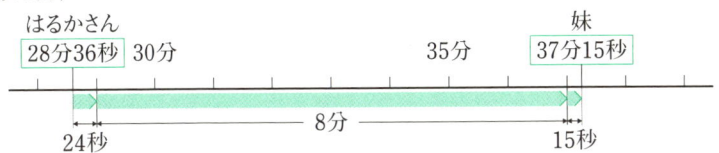

28 分 36 秒から 29 分までは，60 － 36 ＝ ［ オ ］（秒）あります。29 分から 37 分までは，37 － 29 ＝ ［ カ ］（分）あり，さらに 37 分から 37 分 15 秒までは 15 秒あります。24 ＋ 15 ＝ 39（秒）なので，［ カ ］ 分 39 秒早くゴールしたことになります。

答え (ア) 20　(イ) 50　(ウ) 75　(エ) 8　(オ) 24　(カ) 8

例題

ゆうかさんは，図書館へ行くことにしました。ゆうかさんの家から図書館まで歩いて 18 分かかるとき，次の問題に答えましょう。

(1) 図書館は午前 9 時 30 分に開館します。ゆうかさんは，家を午前何時何分に出発すれば，開館時こくに図書館に着きますか。

(2) ゆうかさんは，午前 10 時 15 分から 35 分間，紙しばいを見ていました。紙しばいが終わったのは，午前何時何分ですか。

> どんな計算で求められるかな？

(3) ゆうかさんは，午前 9 時 30 分から午前 11 時 40 分まで図書館にいました。図書館にいた時間は何時間何分ですか。

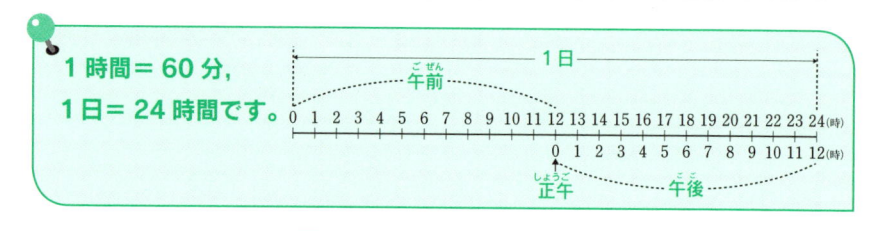

1 時間 = 60 分，
1 日 = 24 時間です。

(1) 30 − 18 = 12（分）より，午前 9 時 12 分とわかります。

答え 午前 9 時 12 分

(2) 15 + 35 = 50（分）より，午前 10 時 50 分とわかります。

答え 午前 10 時 50 分

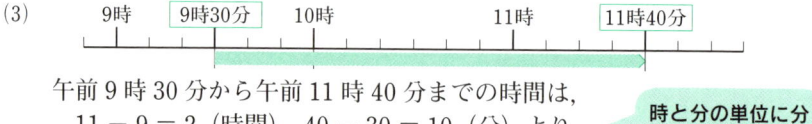

(3) 午前 9 時 30 分から午前 11 時 40 分までの時間は，
11 − 9 = 2（時間），40 − 30 = 10（分）より，
2 時間 10 分です。

> 時と分の単位に分けて計算しよう。

答え 2 時間 10 分

練習

だいちさんは、家族と水族館に行きました。だいちさんの家から水族館まで車で 45 分かかるとき、次の問題に答えましょう。

(1) だいちさんたちは、午前 10 時 10 分に水族館に着きました。家を午前何時何分に出発しましたか。

(2) だいちさんたちは、午前 10 時 45 分から 25 分間、イルカショーを見ました。ショーが終わったのは、午前何時何分ですか。

(3) だいちさんたちは、午前 10 時 10 分から午後 1 時 20 分まで水族館にいました。水族館にいた時間は何時間何分ですか。

> 午前午後をまたいでいるね。

(1) 午前 10 時 10 分を午前 9 時 70 分とみて、70 − 45 = ［ア］（分）より、午前 9 時 25 分に出発したとわかります。

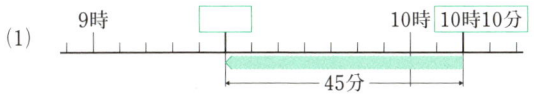

> 10 分から 45 分はひけないので、1 時間 10 分を 70 分として考えよう。

答え 午前 9 時 25 分

(2) 45 + 25 = 70（分）より、午前 10 時 70 分にショーが終わったとわかります。午前 10 時 70 分は、午前 11 時 ［イ］ 分です。

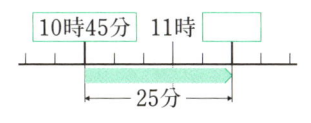

答え 午前 11 時 10 分

(3) 午後 1 時 20 分を午前 13 時 20 分とみて、午前 10 時 10 分から午前 13 時 20 分までの時間は、13 − 10 = ［ウ］（時間），20 − 10 = ［エ］（分）より、水族館にいた時間は ［ウ］ 時間 ［エ］ 分です。

答え 3 時間 10 分

答え (ア) 25 (イ) 10 (ウ) 3 (エ) 10

例題

あやなさんは、パンをつくるために小麦粉の重さを量ろうとしています。はじめに、1kgまで量ることのできるはかりを使って入れ物の重さを量ると、はりのさすめもりは、右の図のようになりました。これについて、次の問題に答えましょう。

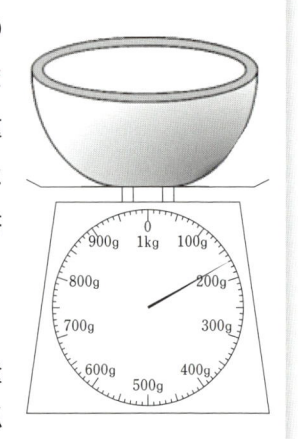

(1) 入れ物の重さは何gですか。

(2) はかりにのせた入れ物で小麦粉を250g量るとき、はりが何gをさすまで、入れ物に小麦粉を入れればよいですか。

> どんな計算で求められるかな？

> 重さの単位には、g（グラム）やkg（キログラム）を使います。
> 1kg = 1000g です。

(1) 図のはかりは1kgまで量ることのできるはかりです。**はかりのいちばん小さい1めもりが何gを表しているか**を考えます。1めもりは100gを10等分した大きさなので、1めもりは10gです。
はりは170gをさしています。

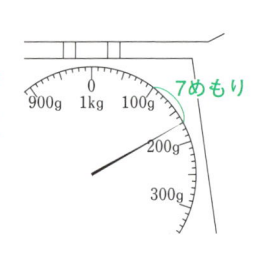

> 100gのめもりから7めもり分重い重さだね。

答え 170g

(2) 重さも、長さと同じように、**単位が同じであればたしたりひいたりできます**。入れ物の重さが170g、小麦粉の重さは250gなので、合わせると、
170 + 250 = 420 （g）

答え 420g

練習

けんたさんが，2kg まで量ることのできるはかりを使って，本が入ったかばんの重さを量ると，はりのさすめもりは，右の図のようになりました。これについて，次の問題に答えましょう。

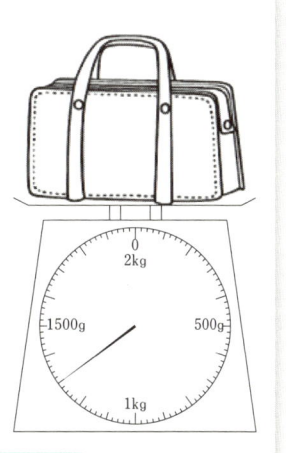

(1) 本が入ったかばんの重さは何 kg 何 g ですか。また，何 g ですか。

(2) 次にけんたさんが，かばんの中から本を取り出して，かばんだけの重さを量ると，900g でした。本の重さは何 g ですか。

> どんな計算で求められるかな？

> はかりのいちばん小さい 1 めもりが何 g を表しているかに気をつけて，めもりをよみとるよ。

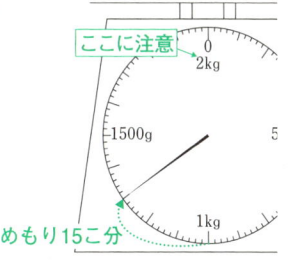

(1) 図のはかりは ［ア］ kg まで量ることのできるはかりです。いちばん小さい 1 めもりは 500g を 25 等分した大きさなので，1 めもりは，500 ÷ 25 = ［イ］（g）です。

本が入ったかばんの重さは，1kg よりめもり ［ウ］ こ分重いので，1kg より ［イ］ × ［ウ］ = 300（g）重い重さです。

また，1kg = ［エ］ g なので，1kg300g = 1300g

答え 1kg300g，1300g

(2) （本の重さ）＋（［オ］ の重さ）＝（全体の重さ）なので，本の重さは，
1300 − 900 = 400（g）

> 単位を g にそろえて，1300 − 900 を計算すればいいね。

答え 400g

答え (ア) 2 (イ) 20 (ウ) 15 (エ) 1000 (オ) かばん

第2章 確認テスト　　答え P101

1 右の表は，ひろきさん，ゆうじさん，ちはるさんの3人の1000m走の記録です。これについて，次の問題に答えましょう。

1000m 走の記録

ひろき	5分12秒
ゆうじ	5分43秒
ちはる	6分5秒

(1) ゆうじさんの記録は何秒ですか。

(2) ひろきさんの記録は，ちはるさんの記録より何秒速いですか。

(3) ゆうじさんの記録は，前回の1000m走の記録よりも15秒速くなったそうです。ゆうじさんの前回の記録は，何分何秒ですか。

2 下の表は，まなみさんがクッキーをつくったときの手順と，その作業をするのにかかった時間をまとめたものです。クッキーを作り始めてから，できあがるまでに何分何秒かかりましたか。

①	バター，さとう，たまごをよくまぜ合わせる。	4分45秒
②	小麦粉をまぜて，生地をひとまとめにする。	2分30秒
③	②の生地を冷ぞう庫でねかせる。	30分
④	生地を冷ぞう庫から取り出す。生地をのばして型でぬく。	5分
⑤	170°に温めたオーブンで焼く。	12分30秒

3 りかこさん，たけるさん，あやこさんの3人は1000m走のタイムを計りました。りかこさんのタイムは4分58秒でした。たけるさんはりかこさんより8秒おそく，あやこさんはたけるさんより25秒おそいタイムでした。あやこさんのタイムは何分何秒ですか。

4 ひろきさんのある日の生活について，次の問題に答えましょう。

(1) ひろきさんは，午前6時20分に起き，起きてから1時間15分後に学校へ行くために家を出ました。ひろきさんが家を出た時こくは何時何分ですか。

(2) ひろきさんは，午前8時10分に学校に登校し，午後2時45分に下校しました。ひろきさんが学校にいた時間は何時間何分ですか。

(3) ひろきさんは，友達と午後3時50分に公園に集合する約束をしました。ひろきさんの家から公園までは歩いて8分かかります。ひろきさんは家を何時何分に出発すればよいですか。

5 ある電車は，A駅を午前11時42分に出発し，1時間47分後にB駅にとう着します。この電車がB駅にとう着するのは，何時何分ですか。

6 あかりさんたち4年生は，遠足で牧場へ行きます。牧場では，午前10時30分から午後2時までの間，見学や体験をする予定です。また，学校と牧場の間を移動するには，バスで1時間10分かかります。これについて，次の問題に答えましょう。

(1) 午前10時30分に牧場に着くには，学校を何時何分に出発すればよいですか。

(2) 牧場にいる時間は何時間何分ですか。

(3) 午後2時に牧場を出発すると，学校に何時に着きますか。

7 ビンの中にさとうが入っています。さとうの入ったビンの重さを量ると，130gでした。これについて，次の問題に答えましょう。

(1) さとうを何gか使ったところ，さとうの入ったビンの重さは85gになりました。さとうを何g使いましたか。

(2) ビンの中のさとうを全部使ったあと，ビンだけの重さを量ると47gでした。はじめにビンに入っていたさとうの重さは何gですか。

8 かごに，りんごが3こ，メロンが1こ入っています。これを2kgまで量ることができるはかりにのせると，右の図のようになりました。

(1) かご全体の重さは何kg何gですか。

(2) かごだけの重さは80g，メロンの重さは900gでした。りんごの重さはすべて同じとすると，りんご1この重さは何gですか。

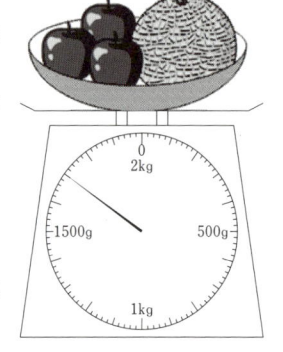

9 しょうたさんは，動物園でいろいろな生き物の体重を調べました。右は，そのときのメモです。これについて，次の問題に答えましょう。

(1) ゾウの体重は何kgですか。

(2) キリンはワニより何kg重いですか。

<体重調べ>	
ゾウ	4t350kg
ワニ	945kg
キリン	1t940kg

3章 表とグラフに関する問題

[実用数学技能検定 文章題練習帳 8級]

例題

右のグラフは，まゆさんの学校の4年生で，先週学校を休んだ人数を表したものです。これについて，次の問題に答えましょう。

(1) 月曜日に休んだ人数は何人ですか。

> 1めもりは何人を表しているかな。

(2) 休んだ人数がいちばん多いのは何曜日ですか。

> ぼうの長さをくらべてみよう。

(3) 火曜日に休んだ人数は，金曜日に休んだ人数より何人多いですか。

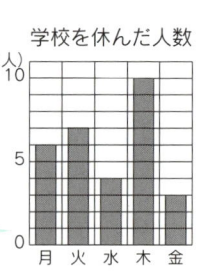

ぼうグラフでは，ぼうの長さで数の大きさを表します。

(1) 月曜日に休んだ人数は，グラフのめもりをよんで6人です。

> 5人で5つのめもりだから，グラフの1めもりは1人を表しているね。

> 1めもりの大きさがいくつを表しているかに気をつけよう！

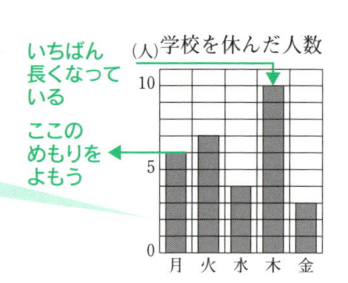

答え 6人

(2) 休んだ人数がいちばん多いのは，ぼうがいちばん長いところなので，木曜日です。

答え 木曜日

(3) 火曜日に休んだ人数は7人，金曜日に休んだ人数は3人なので，

7 − 3 = 4（人）

> 火曜日と金曜日の休んだ人数を調べよう。

答え 4人

練習

右のグラフは，ある八百屋で，1日に売れた野菜の数を表したものです。これについて，次の問題に答えましょう。

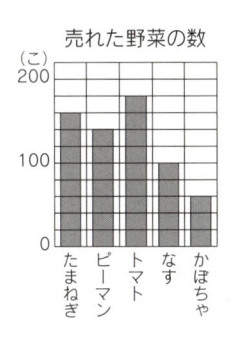

(1) 1めもりは野菜何こを表していますか。

> 5めもりでいくつを表しているかに注目しよう。

(2) たまねぎは何こ売れましたか。

(3) この日に売れたトマトの数は，かぼちゃの数の何倍ですか。

> トマトとかぼちゃのめもりは，それぞれ何めもりかな。

---

(1) 5このめもりで，[ア] こを表しているので，1めもりが表す数は，

[ア] ÷ 5 = 20

> ぼうグラフのたてのじくのめもりに注目！

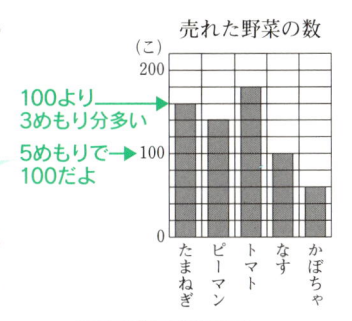

100より3めもり分多い
5めもりで100だよ

答え 20こ

(2) たまねぎを表すぼうのめもりをよむと，100こより3めもり分多いので，

100 + [イ] × 3 = 160

> 1めもりは20こを表すよ。

> 5めもりや10めもりがいくつを表しているかに注目しよう。

答え 160こ

(3) トマトとかぼちゃのグラフのめもりをよむと，トマトのめもりは[ウ]めもり，かぼちゃのめもりは[エ]めもりなので，

[ウ] ÷ [エ] = 3

> 「○は△の何倍か」を求めるときは，○÷△

答え 3倍

答え (ア) 100　(イ) 20　(ウ) 9　(エ) 3

例題

ゆうとさんは、ある日の気温を1時間ごとにはかって、右の折れ線グラフに表しました。これについて、次の問題に答えましょう。

(1) 午前10時の気温は何度ですか。

> いちばん高いところにある点に注目しよう。

(2) いちばん気温が高いのは何度で、それは何時ですか。

(3) 気温の上がり方がいちばん大きいのは、何時から何時の間ですか。

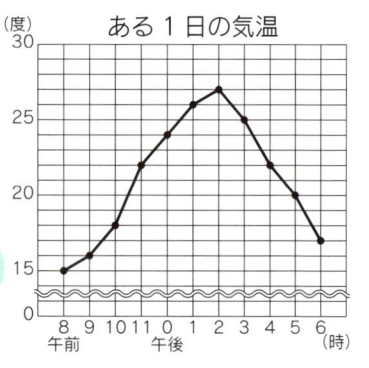

折れ線グラフでは、線のかたむきで、変わり方がわかります。
線のかたむきが急であるほど、変わり方が大きくなっています。

---

(1) 午前10時の気温は、たてのじくのめもりをよんで、18度です。

答え 18度

(2) いちばん高いところにある点に注目します。たてのじくのめもりをよんで、27度、横のじくのめもりをよんで、午後2時です。

答え 27度、午後2時

(3) グラフの上がり方が大きいのは、午前10時から午前11時の間です。

> 右上がりで、かたむきが急になっているところだよ。

答え 午前10時から午前11時の間

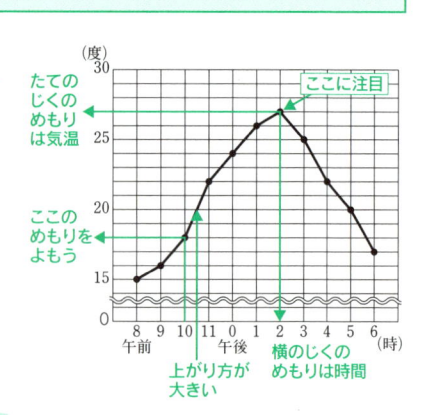

> 折れ線グラフでは、〜〜を使って、とちゅうのめもりを省くことができるよ。

練習

まいさんは、ある日の気温と池の水の温度を2時間ごとにはかって、右の折れ線グラフに表しました。これについて、次の問題に答えましょう。

> 2つのことを調べたので、グラフは2つあるよ。

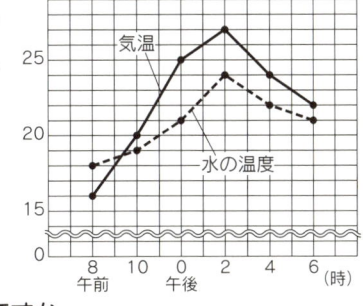

(1) 午後2時の気温は何度ですか。

(2) 午前10時の池の水の温度は何度ですか。

(3) 気温と池の水の温度のちがいがいちばん大きいのは何時で、温度のちがいは何度ですか。

---

(1) ——のグラフの午後2時の│ (ア) │のじくのめもりをよむと、27度です。

答え 27度

(2) ------のグラフの午前10時の│ (イ) │のじくのめもりをよむと、19度です。

答え 19度

(3) 2つのグラフがいちばんはなれているところは、右の図の ←→ のところです。

　←→ の│ (ウ) │のじくのめもりをよむと、午後0時になります。

　午後0時の気温は│ (エ) │度、池の水の温度は│ (オ) │度なので、温度のちがいは、│ (エ) │ − │ (オ) │ = 4 (度)

> ←→ の部分のめもりの数を数えて4めもりだから4度と考えてもいいよ。

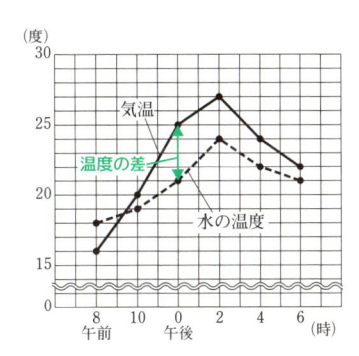

答え 午後0時, 4度

> 2つのグラフがどれくらいはなれているかに注目しよう。

答え (ア) たて (イ) たて (ウ) 横 (エ) 25 (オ) 21

例題

右の表は、ゆかさんの学校の 4 年生全員に、犬とねこが好きかきらいかについて調べて、その人数についてまとめたものです。これについて、次の問題に答えましょう。

犬とねこの好ききらい調べ

		ねこ		合計
		好き	きらい	
犬	好き	32	27	
	きらい	24		40
合計				

(1) ねこが好きな人は何人ですか。

(2) 表のあいているところにあてはまる数を書きましょう。

あいているところは、それぞれどんな人の人数かな。

2つのことがらについてまとめるには、上のような表にまとめると便利です。

あ…犬もねこも好きな人数
い…犬が好きでねこがきらいな人数
う…犬がきらいでねこが好きな人数
え…犬もねこもきらいな人数

		ねこ		合計
		好き	きらい	
犬	好き	あ32	い27	お
	きらい	う24	え	か40
合計		き	く	け

(1) ねこが好きな人の数は、表のきの人数で
32 + 24 = 56

あとうをたしたものだよ。

答え 56 人

(2) えにあてはまる数は、40 − 24 = 16

うとえをたすとかになるよ。

おは、あといをたしたものなので、
32 + 27 = 59
くは、いとえをたしたものなので、
27 + 16 = 43
けは、きとくをたしたものなので、
56 + 43 = 99

けは、おとかをたしたものと考えて、
59 + 40 = 99 と求めてもいいよ。

わかった数を表に書き入れながら考えよう。

		ねこ		合計
		好き	きらい	6月
犬	好き	32	27	59
	きらい	24	16	40
合計		56	43	99

答え

練習

まなえさんのクラス 32 人について，兄と姉がいるかどうかを調べました。兄のいる人は全部で 19 人，姉のいる人は全部で 14 人でした。兄も姉もいない人は 8 人でした。これについて，次の問題に答えましょう。

(1) 姉のいない人は何人ですか。
(2) 兄がいて姉がいない人は何人ですか。
(3) 兄も姉もいる人は何人ですか。

問題文の内ようを表に整理してみよう。

問題の内ようを表に整理すると，右の表のようになります。

(1) 姉がいない人は，表の▢の部分で，

$$32 - \boxed{(ア)} = 18$$

▢の部分に注目！

答え 18 人

		姉		合計
		いる	いない	
兄	いる			19
	いない		8	
	合計	14		32

(2) 兄がいて姉がいない人は，表の▢の部分で，

$$\boxed{(イ)} - 8 = 10$$

▢の部分に注目！

答え 10 人

		姉		合計
		いる	いない	
兄	いる			19
	いない		8	
	合計	14		32

(3) 兄も姉もいる人は，表の▢の部分で，

$$19 - \boxed{(ウ)} = 9$$

▢の部分に注目！

答え 9 人

		姉		合計
		いる	いない	
兄	いる			19
	いない		8	
	合計	14		32

答え (ア) 14 (イ) 18 (ウ) 10

「兄がいなくて姉がいる人」や「兄がいない人」の数も同じようにして求めることができるよ。

例題

右の折れ線グラフは，1960年から2010年までのある町のおよその人口のうつり変わりを表したものです。

この町の人口についての説明で，まちがっているものを，次のあ〜おの中から2つ選び，その記号で答えましょう。

ある町の人口のうつり変わり

あ　1970年の人口は，1960年の人口よりふえています。
い　1990年の人口は，1980年の人口よりへっています。
う　1970年の人口は，約4200人です。　「1めもりは何人を表しているかな。」
え　人口のふえ方がいちばん大きいのは，1960年から1970年の間です。
お　人口のへり方がいちばん大きいのは，2000年から2010年の間です。

あ…1960年から1970年の間は，人口はふえています。　　右上がり→ふえている
い…1980年から1990年の間は，人口はへっています。　　右下がり→へっている
う…1970年の人口は，4400人です。
え…グラフが右上がりになっているところのうち，
　　かたむきがいちばん大きいのは，「1970年から1980年の間」です。

5めもりで1000人を表しているので，1めもりの大きさは200人だよ。

お…グラフが右下がりになっているところのうち，
　　かたむきがいちばん大きいのは，「2000年から2010年の間」です。
あ〜おの中でまちがっているものは，うとえです。

あ〜おがそれぞれ正しいかどうか，1つずつ調べよう。

答え　う，え

練習

右のグラフは，ある市の1年間の気温とこう水量を表したものです。左がわのめもりが気温を，右がわのめもりがこう水量を表しています。

このグラフについての説明で，まちがっているものを，次のあ～えの中から1つ選び，その記号で答えましょう。

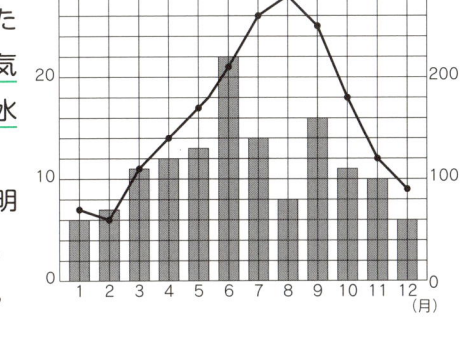

あ 気温がいちばん低いのは12月です。
い 気温の下がり方がいちばん大きいのは，9月から10月の間です。
う 6月と12月のこう水量の差は，160mmです。
え 9月のこう水量は，8月のこう水量の2倍です。

> 折れ線グラフ，ぼうグラフのどちらをみればよいかな。

あ…折れ線グラフで，いちばん低い位置にある点の横のじくのめもりをよむと，□(ア)□月です。

> 「気温」は，折れ線グラフをみよう。

い…折れ線グラフが右下がりになっているところで，かたむきがいちばん大きいのは，□(イ)□月から□(ウ)□月の間です。

> 右のめもりの1めもりは20mmだよ。

う…ぼうグラフで，6月のこう水量は□(エ)□mm，12月のこう水量は□(オ)□mmなので，こう水量の差は，
　　□(エ)□ － □(オ)□ ＝ 160 です。

> 「こう水量」は，ぼうグラフをみよう。

え…ぼうグラフで，9月のこう水量は□(カ)□mm，8月のこう水量は80mmなので，□(カ)□÷80＝2 で**2倍**です。

あ～えの中でまちがっているものはあです。

答え あ

答え (ア) 2　(イ) 9　(ウ) 10　(エ) 220　(オ) 60　(カ) 160

まちがいをさがそう

例題

右の表は，4年1組の先週と今週の図書室で本を借りた人数を調べたものです。

この表についての説明で，**まちがっているもの**を，次のあ～えの中から1つ選び，その記号で答えましょう。

		今週		合計
		借りた	借りない	
先週	借りた	8		
	借りない	13	4	
合計			10	

あ 今週借りた人は，20人です。
い 先週借りて今週借りなかった人は，6人です。
う 4年1組の人数は，31人です。
え 先週借りなかった人は，先週借りた人より **3人多い**です。

表のどこの部分の数になるかな？

- ■の数は，8 + 13 = 21 → 今週借りた人の数
- ■の数は，10 - 4 = 6 → 先週借りて今週借りなかった人の数
- ■の数は，21 + 10 = 31 → 4年1組の人数
- □の数は，8 + 6 = 14 → 先週借りた人の数
- □の数は，13 + 4 = 17 → 先週借りなかった人の数

あ…表から，今週借りた人の数は21人です。
い…表から，先週借りて今週借りなかった人は6人です。
う…表から，4年1組の人数は31人です。
え…表から，先週借りなかった人は17人，先週借りた人は14人なので，17 - 14 = 3 より，先週借りなかった人は，先週借りた人より**3人多く**なっています。

あ～えの中でまちがっているものはあです。

		今週		合計
		借りた	借りない	
先週	借りた	8	6	14
	借りない	13	4	17
合計		21	10	31

求めた数を書き入れよう。

答え あ

練習

町内会で動物園に行きました。動物園に行ったのは全部で48人で，そのうち，大人は21人，女の子どもは12人，男の大人は14人でした。この動物園に行った人の数についての説明で，まちがっているものを，次のあ～えの中から1つ選び，その記号で答えましょう。

- あ 男の子どもの人数は，15人です。
- い 女の大人の人数は，7人です。
- う 子どもの人数は，27人です。
- え 子どもの人数は，大人の人数より7人多いです。

問題文の内容を表に整理してみよう。

問題の内ようを表に整理すると，右の表のようになります。

- ■の数は，48 − (ア) = 27　子どもの数
- ■の数は，(イ) − 12 = 15　男の子どもの数
- ■の数は，21 − (ウ) = 7　女の大人の数
- ■の数は，(エ) + 15 = 29　男の数
- ■の数は，7 + (オ) = 19　女の数

あ…表から，男の子どもの人数は15人です。
い…表から，女の大人の人数は (カ) 人です。
う…表から，子どもの人数は27人です。
え…表から，子どもの人数は27人，大人の人数は (キ) 人なので，27 − (キ) = 6 より，子どもの人数は大人の人数より6人多いです。

あ～えの中でまちがっているものはえです。

	大人	子ども	合計
男	14		
女		12	
合計	21		48

	大人	子ども	合計
男	14	15	29
女	7	12	19
合計	21	27	48

求めた数を書き入れよう。

答え え

答え (ア) 21　(イ) 27　(ウ) 14　(エ) 14　(オ) 12　(カ) 7　(キ) 21

まちがいをさがそう

第3章 **確認テスト**　　答え P104

1 右のぼうグラフは、まさとさんたちのソフトボール投げの記録です。これについて、次の問題に答えましょう。

ソフトボール投げの記録

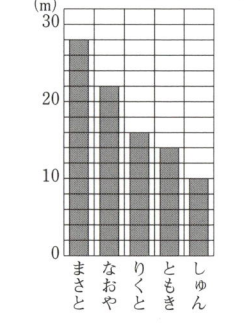

(1) たてのじくの1めもりは何mを表していますか。

(2) りくとさんは、何m投げましたか。

(3) まさとさんは、ともきさんより何m遠くまで投げましたか。

2 次のあ～えで、ぼうグラフに表すとよいものには○を、折れ線グラフに表すとよいものには△をかきましょう。

あ　1月から6月までの、ハムスターの体重の変わり方

い　午後4時から午後5時の間に、学校の前を通った乗り物の種類別の数

う　4年3組の人が先週1週間に図書室で読んだ本の種類と数

え　毎年たんじょう日にはかった、たくやさんの身長の変わり方

❸ 右の折れ線グラフは，北町の小学4年生の人数のうつり変わりを表したものです。これについて，次の問題に答えましょう。

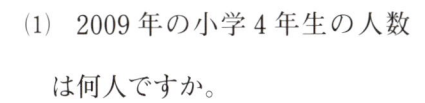

(人) 小学4年生の人数のうつり変わり

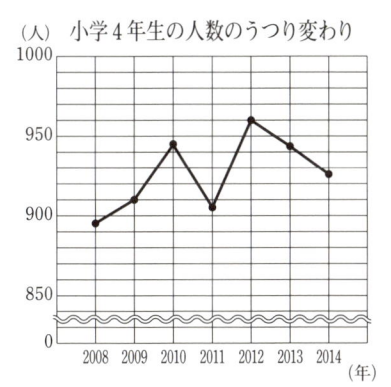

(1) 2009年の小学4年生の人数は何人ですか。

(2) 人数のふえ方がいちばん大きいのは何年から何年の間ですか。

(3) 人数のへり方がいちばん大きいのは何年から何年の間ですか。

❹ 右の表は，4年2組の生徒の中で，クロールとせ泳ぎができるかできないかを調べてまとめたものです。これについて，次の問題に答えましょう。

		せ泳ぎ		合計
		できる	できない	
クロール	できる			21
	できない	5		
合計		19		34

(1) クロールもせ泳ぎもできる人は何人ですか。

(2) クロールができてせ泳ぎができない人は何人ですか。

(3) クロールもせ泳ぎもできない人は何人ですか。

5 下のグラフは，日本のある都市Aと，オーストラリアのある都市Bの，毎月の平均気温を表したものです。このグラフについて説明したもののうち，まちがっているものを，次のあ～おの中から1つ選び，その記号で答えましょう。

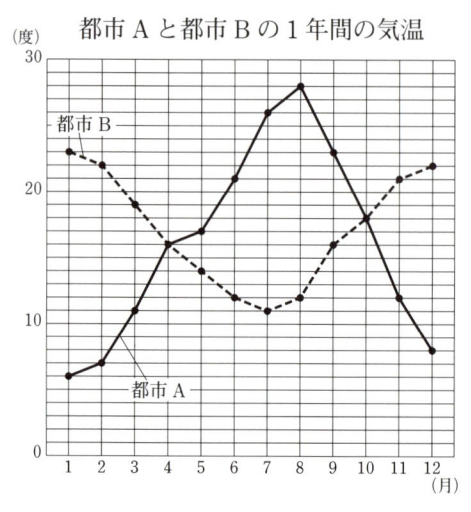

都市Aと都市Bの1年間の気温

あ　都市Aの気温がいちばん高い月は8月です。

い　都市Bの気温がいちばん高い月は1月です。

う　1か月の気温の下がり方がいちばん大きいのは，都市Aでは10月から11月の間です。

え　都市Aと都市Bの気温のちがいがいちばん大きいのは8月です。

お　都市Aと都市Bの気温が同じ月はこの1年間で2回ありました。

チャレンジ！長文問題

実用数学技能検定 文章題練習帳 8級

長文問題①

　かりんさんたちの子ども会では，今年は，5月に動物園，10月に水族館に行きました。子ども会では，動物園に行った人には1人200円，水族館に行った人には1人300円のお金を出してくれたそうです。このことについて，かりんさんとなおきさんが話し合っています。この2人の会話を読んで，あとの問題に答えましょう。

🧑 かりんさん： 動物園と水族館の両方に行った人は14人いたよ。

👦 なおきさん： 動物園も水族館も行かなかった人は何人だったかな？

🧑 かりんさん： 6人だったよ。

👦 なおきさん： 5月に動物園に行ったときに子ども会で出してくれたお金は全部でいくらだったのかな。

🧑 かりんさん： 4600円だったよ。

👦 なおきさん： では，水族館に行ったときに子ども会で出してくれたお金は全部でいくらだったのかな？

🧑 かりんさん： それは，今，しりょうがないからわからないけれど，今年の子ども会に入っている子どもの人数は36人だから…。

👦 なおきさん： そのことから計算すればわかりそうだね。

🧑 かりんさん： 動物園に行った人と水族館に行った人の人数を表にまとめてみたらどうかな？

👦 なおきさん： そうだね。まずは，表にまとめて，あいているところの数を計算してみよう。

	水族館 行った	水族館 行かない	合計
動物園 行った	14		
動物園 行かない		6	
合計			36

> 子ども会が出したお金から人数を求めよう。

(1) 動物園に行った人は何人ですか。

(2) 水族館に行かなかった人は何人ですか。

(3) 水族館に行った人のために子ども会が出したお金は全部で何円ですか。

> 水族館に行った人の人数がわかれば，求められるね。

(1) 子ども会が動物園に行った人のために出したお金が全部で4600円で，1人分は □(ア)□ 円なので，

4600 ÷ □(ア)□ = 23

> 全部の金がく÷人数
> で求められるね。

答え 23人

(2) 動物園に行って，水族館に行かなかった人は，

23 − □(イ)□ = 9（人）

> □の部分に注目！

		水族館		合計
		行った	行かない	
動物園	行った	14		23
	行かない		6	
合計				36

水族館に行かなかった人は，

9 + □(ウ)□ = 15（人）

> □の部分に注目！

答え 15人

		水族館		合計
		行った	行かない	
動物園	行った	14	9	23
	行かない		6	
合計			15	36

(3) 水族館に行った人は，

36 − □(エ)□ = 21（人）

> □の部分に注目！

子ども会が水族館に行った人のために出したお金は，

□(オ)□ × 21 = 6300（円）

> 1人分の金がく×人数
> で求められるね。

答え 6300円

答え (ア) 200　(イ) 14　(ウ) 6　(エ) 15　(オ) 300

長文問題②

　日曜日，お父さんは庭で板にペンキをぬっていました。めぐみさんは，お父さんのペンキぬりを手伝うことにしました。

　お父さんは，面積がちょうど 3m² の板にペンキをぬるのに，7.5dL のペンキを使ったところ，家にあったペンキがちょうどなくなってしまいました。

　お父さんは，次に，面積が 1.25m² の板 A と 5.75m² の板 B にペンキをぬろうとしています。

　そこで，めぐみさんは，お父さんにたのまれて，4000 円をもって，ホームセンターに足りない分のペンキを買いに行くことにしました。

　ホームセンターには，1L 入りのかん，500mL 入りのかん，200mL 入りのかんの 3 種類のペンキが売られていて，それぞれの 1 かんのねだんは次の表のようになっていました。

| 1 かんのペンキの量 | 200mL | 500mL | 1L |
| 1 かんのペンキのねだん | 420 円 | 1000 円 | 1800円 |

　めぐみさんは，4000 円をこえないように注意して，この 3 種類の中から，ペンキを買うことにしました。残りの板を全部ぬるためには，どのペンキを何かん買えばよいかを考えています。

(1) 板 1m² をぬるのに使うペンキの量は何 dL ですか。

> 何 dL のペンキで何 m² の面積をぬることができたかな。

(2) 板 A と B の面積は合わせて何 m² ですか。

(3) 板 A と B をぬるために必要なペンキの量は何 dL ですか。

> (1)で，1m² をぬることができるペンキの量を求めたので，それを使おう。

(4) 板 A と B をぬるためのペンキを，すべて 500mL 入りのかんで買お

うとすると，500mLのかんを何かん買えばよいですか。整数で答えましょう。

(5) 板AとBをぬるためのペンキを買うとき，いちばん安くなる買い方は，どのかんを何かん買えばよいですか。買わない種類のかんがあるときは，0かんと答えましょう。

(6) (5)のときの，おつりは何円ですか。

(1) 「□(ア)□m² の板にペンキをぬるのに，ちょうど□(イ)□dL のペンキを使った」ので，1m² ぬるのに使うペンキの量は，

$$\boxed{(イ)} ÷ \boxed{(ア)} = 2.5 \text{ (dL)}$$

（ペンキの量）÷（ぬることができる面積）で求められるよ。

答え 2.5dL

(2) 板AとBの面積は，1.25m² と □(ウ)□ m² だから，あわせると，

$$1.25 + \boxed{(ウ)} = 7 \text{ (m}^2\text{)}$$

答え 7m²

(3) 1m² をぬるのに使うペンキの量は，□(エ)□ dL なので，7m² をぬるのに必要なペンキの量は，

(1)の答えを使っているよ。

$$\boxed{(エ)} × 7 = 17.5 \text{ (dL)}$$

（1m² でぬることができるペンキの量）×（面積）で求められるよ。

答え 17.5dL

(4) 1L = 1000mL，1L = 10dL なので，1dL = □(オ)□ mL です。

(1)～(3)はかさの単位が dL，(4)は mL になっていることに気をつけよう。

かさの単位を mL にそろえよう。

だから，17.5dL = □(カ)□ mL です。

□(カ)□ mL を買うのに，全部 500mL 入りのかんで買うと，

$$\boxed{(カ)} ÷ 500 = 3 \text{ あまり } 250$$

あまった 250mL のペンキのために，500mL 入りのかんをもう 1 かん買わなければいけないので，3 ＋ 1 ＝ 4（かん）

答え 4 かん

(5) 1L のペンキを買うのに，500mL 入りのかんを 2 かん買うと，1000 × 2 ＝ 2000（円），200mL 入りのかんを 5 かん買うと，420 × 5 ＝ [(キ)]（円）なので，1L 入りのかんを 1 かん買うのがいちばん安くなります。1L 入りのかんは必ず 1 かん買うものとしたときのペンキの買い方は次のようなものがあります。

200mL入りのかんの数	500mL入りのかんの数	1L入りのかんの数	買えるペンキの量(mL)	代金(円)
0	0	2	2000	3600
0	2	1	2000	3800
2	1	1	1900	3640
4	0	1	1800	3480

1750より多くなるようにしよう。　　4000より少なくなるようにしよう。

上の表より，200mL 入りのかんを 4 かん，500mL 入りのかんを 0 かん，1L 入りのかんを 1 かん買うときが，いちばん安くなります。

答え 200mL 入り 4 かん，500mL 入り 0 かん，1L 入り 1 かん

(6) (5)の買い方をしたとき，ペンキの代金は [(ク)] 円なので，4000 円出したときのおつりは，

4000 － [(ク)] ＝ 520（円）

答え 520 円

答え (ア) 3　(イ) 7.5　(ウ) 5.75　(エ) 2.5　(オ) 100
(カ) 1750　(キ) 2100　(ク) 3480

72

付録 図形に関する問題

文章題練習帳 8級

例題

右の図のように，半径6cmの円が3つならんでいます。点イ，ウ，エはそれぞれの円の中心です。点ア～オが同じ直線上にあるとき，次の問題に答えましょう。

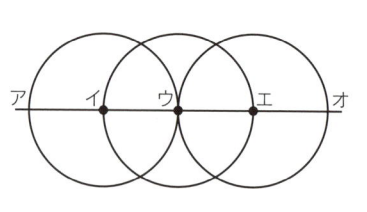

(1) イの点を中心とした円の直径は何cmですか。

> 半径と直径の関係はどうなっているかな。

(2) 直線アオの長さは何cmですか。

円の中心を通って，円のまわりからまわりまでひいた直線を直径といいます。直径は半径の2倍です。

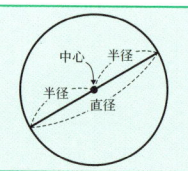

(1) 円の直径は半径の2倍になっているので，半径6cmの円の直径は，
   $6 \times 2 = 12$ （cm）

> 直径は，円の中にひいた直線で，いちばん長い直線だよ。

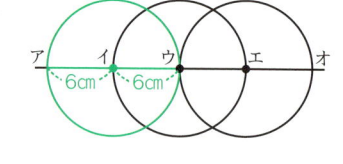

答え 12cm

(2) アイ，イウ，ウエ，エオはどれも半径で6cmです。アからオは同じ直線上にあるから，直線アオの長さは
   $6 \times 4 = 24$ （cm）

> 半径6cmの部分にしるしをつけてみよう。

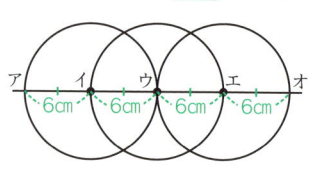

答え 24cm

練習

右の図のように，大きい円の中に2つの円がぴったり入っています。点イ，ウ，オはそれぞれの円の中心で，イを中心とする円の半径は5cm，大きい円の直径は16cmです。点ア～カが同じ直線上にあるとき，次の問題に答えましょう。

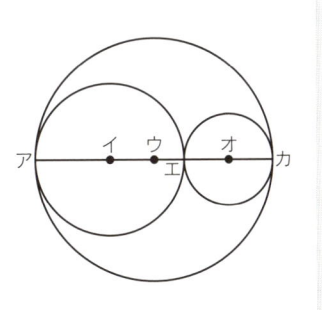

(1) オを中心とする円の直径は何cmですか。

> どこの長さからどこの長さをひけば求められるかな。

(2) イウの長さは何cmですか。

---

(1) イを中心とする円の直径は，
$5 \times \boxed{(ア)} = 10$ (cm)
オを中心とする円の直径は，大きい円の直径から，$\boxed{(イ)}$ を中心とする円の直径をひいた長さなので，
$16 - \boxed{(ウ)} = 6$ (cm)

> 直径は半径の2倍だよ。

答え 6cm

(2) 大きい円の半径は
$16 \div \boxed{(エ)} = 8$ (cm)
イウの長さは，アウの長さから，$\boxed{(オ)}$ の長さをひいた長さなので，
$8 - \boxed{(カ)} = 3$ (cm)

> 半径は直径の半分だよ。

> 「直径」と「半径」をまちがえないように気をつけよう。

答え 3cm

答え (ア) 2 (イ) イ (ウ) 10 (エ) 2 (オ) アイ (カ) 5

例題

右の図のように，半径5cmの円2つと，半径8cmの円1つが外がわでぴったりくっつくようにかきました。点ア，イ，ウはそれぞれの円の中心です。

(1) 辺アイの長さは何cmですか。

(2) 三角形アイウは何という三角形ですか。もっともふさわしい名前で答えましょう。

> 辺の長さに注目しよう。

2つの円をぴったりくっつくようにかいたとき，それぞれの円の中心をむすんだ線の長さは，2つの円の半径をたしたものになります。

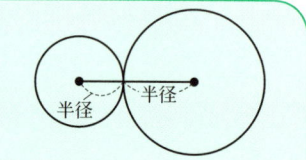

---

(1) 辺アイの長さは，
   $8 + 5 = 13$ (cm)

> 半径8cmの円の半径と，半径5cmの円の半径をたしたものだよ。

答え 13cm

(2) 辺アイの長さは，13cmです。
   辺アウの長さも，(1)と同じように考えて，13cmです。
   辺イウの長さは，半径5cmの円の半径2つ分なので，
   $5 + 5 = 10$ で，10cmです。
   三角形アイウは，2つの辺の長さが等しいので，二等辺三角形になります。

答え 二等辺三角形

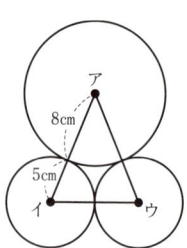

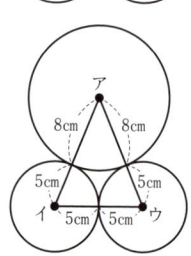

> わかっている長さを書き入れてみよう。

76

練習

右の図のように，長方形アイウエの中に，半径が6cmの円を6つ，ぴったり入るようにかきました。これについて，次の問題に答えましょう。

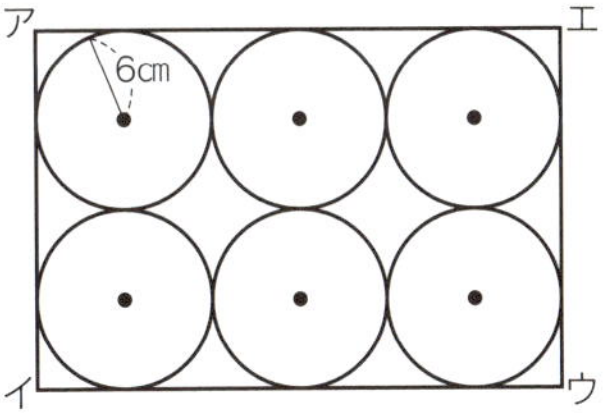

(1) 辺アイの長さは何cmですか。

　　半径のいくつ分かな。

(2) この長方形のまわりの長さは何cmですか。

　　長方形の横の長さは半径のいくつ分かな。

(1) 右の図のように，辺アイの長さは，円の半径の ［ (ア) ］ つ分になるので，
　　6 × ［ (ア) ］ ＝ 24（cm）
となります。

「直径」か「半径」かに注意しよう。

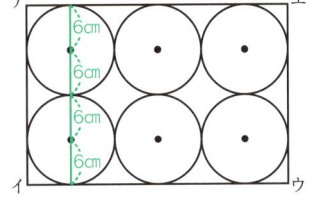

答え　24cm

半径の長さを書き入れて考えよう。

(2) 右の図のように，辺アエの長さは，円の半径の ［ (イ) ］ つ分になるので，
　　6 × ［ (イ) ］ ＝ 36（cm）
（長方形アイウエのまわりの長さ）
＝（辺アイの長さ）×2＋（辺アエの長さ）×2
＝ ［ (ウ) ］ ×2＋ ［ (エ) ］ ×2
＝ 120（cm）

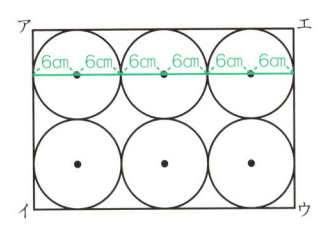

（たての長さ＋横の長さ）×2でもいいよ。

答え　120cm

答え　(ア) 4　(イ) 6　(ウ) 24　(エ) 36

例題

右の図は，半径8cmの球です。これについて，次の問題に答えましょう。

(1) この球の直径は何cmですか。

> 半径と直径の関係はどうなっているかな。

(2) この球を右の図のように半分に切りました。切り口はどんな図形になりますか。もっともふさわしい名前で答えましょう。

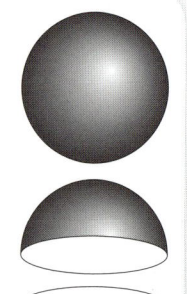

どこから見ても円に見える立体を球といいます。球を半分に切ったときの，切り口の円の中心，半径，直径を，それぞれ，球の中心，半径，直径といいます。

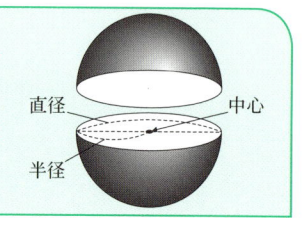

直径　中心　半径

---

(1) 球の直径は半径の2倍になっているので，半径8cmの球の直径は，
$8 \times 2 = 16$ （cm）

> 球の直径は，球を半分に切ったときの，切り口の円の直径のことだよ。

答え 16cm

(2) 球はどこで切っても，切り口は円になります。

> 切り口はどこも円だよ。

> 球を半分に切ったとき，切り口の円はいちばん大きくなるよ。

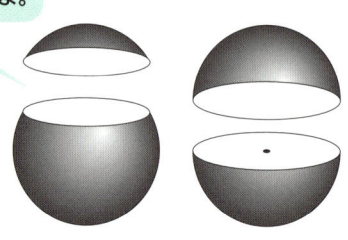

答え 円

78

練習

右の図のように，同じ大きさの6この球が，箱の中にぴったり入っています。これについて，次の問題に答えましょう。

(1) この球の半径は何cmですか。

> 箱の横の長さは半径のいくつ分かな。

(2) ㋐の長さは何cmですか。

> ㋐の長さは半径のいくつ分かな。

(3) 右の図のようなつつにこの球を4こ入れたところ，ぴったり入りました。㋑の長さは何cmですか。

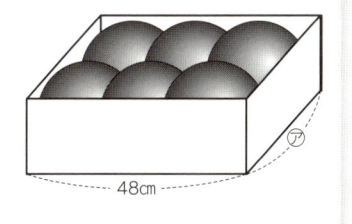

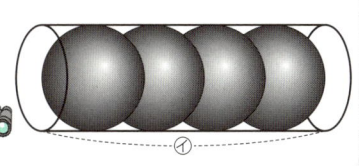

---

(1) この箱を真上から見ると，右の図のようになります。
　このとき，48cmは，円の半径の ［㋐］ つ分になるので，半径は，
　48 ÷ ［㋐］ = 8 (cm)
となります。

答え 8cm

(2) ㋐の長さは，球の半径の ［㋑］ つ分になるので，
　8 × ［㋑］ = 32 (cm)

> 直径の2つ分と考えて，16 × 2 = 32 と求めることもできるよ。

答え 32cm

(3) この球の直径は，
　8 × ［㋒］ = 16 で，16cmです。
　㋑の長さは，球の直径の ［㋓］ つ分なので，
　16 × ［㋓］ = 64 (cm)

答え 64cm

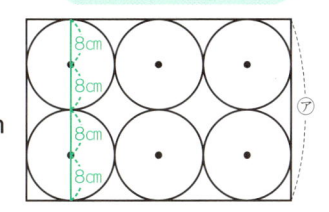

> 球は，どこから見ても円に見えるよ。

> 真上から見た図で考えよう。

答え ㋐ 6　㋑ 4　㋒ 2　㋓ 4

例題

右の図で、㋐と㋑の直線は平行です。これについて、次の問題に答えましょう。

(1) あの角度は何度ですか。
(2) いの角度は何度ですか。

> 平行な2本の直線では、どことどこの角度が等しくなっているかな。

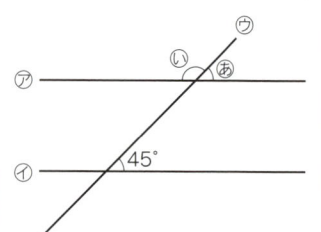

平行な2つの直線は、ほかの直線と等しい角度で交わります。

---

(1) ㋐と㋑の直線は平行なので、直線㋒と等しい角度で交わります。

つまり、あの角度は㋒の角度と等しくて、45°になります。

> 平行な2本の直線に注目して、等しい角度にしるしをつけてみよう。

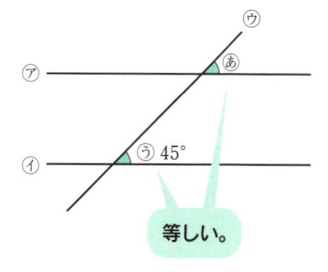

等しい。

答え 45°

(2) 直線の角度は180°です。あの角といの角を合わせると180°なので、いの角度は、180°からあの角度をひいて、

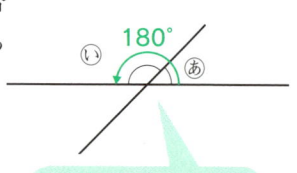

$$180° - 45° = 135°$$

> いの角度は180°からあの角度をひくんだね。

答え 135°

練習

右の図のようなあからおの直線があります。このとき，次の問題にあてはまるものをあ〜おまでの中からそれぞれ1つ選び，その記号で答えましょう。

(1) ⓘと垂直な直線は，どれですか。

> ⓘの直線とほかの直線の交わる角度はどうなっているかな。

(2) ⓘと平行な直線は，どれですか。

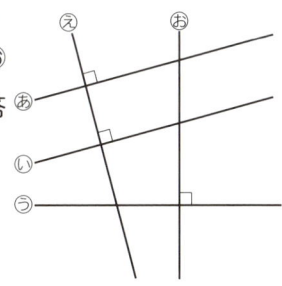

> 直線どうしの交わる角度はどうなっているかな。

---

(1) 2本の直線が交わってできる角が ［ (ア) ］ のとき，その2本の直線は**垂直**であるといいます。ⓘの直線と交わってできる角が直角になっているのは，えの直線です。

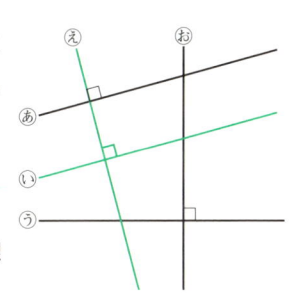

> 直角の記号に注目しよう。

答え えの直線

(2) 1本の直線に垂直な2本の直線は ［ (イ) ］ です。［ (ウ) ］ の直線とⓘの直線はどちらも，**えの直線と垂直に交わっているので**，この2つの直線は ［ (エ) ］ です。

> あの直線とえの直線，ⓘの直線とえの直線の交わる角度を見てみよう。

答え あの直線

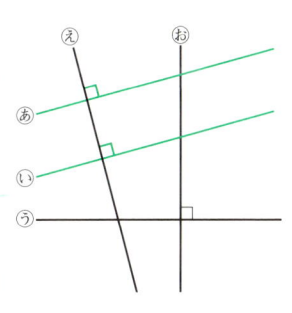

答え (ア) 直角（90°） (イ) 平行 (ウ) あ (エ) 平行

例題

みゆきさんは，右の図のように半径 6cm の円を使って，2つの三角形アイウとアエオをかきました。アはこの円の中心です。これについて，次の問題に答えましょう。

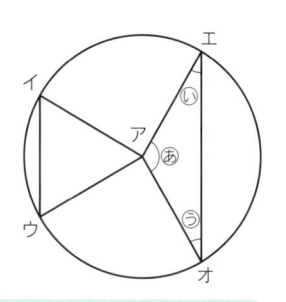

(1) イウの長さは 6cm です。三角形アイウは何という三角形ですか。もっともふさわしい名前で答えましょう。

三角形の特ちょうを調べよう。

(2) 三角形アエオで，⑰の角と同じ大きさの角はあとⓊのどちらですか。

> 2つの辺の長さが等しい三角形を二等辺三角形，3つの辺の長さが全部等しい三角形を正三角形といいます。

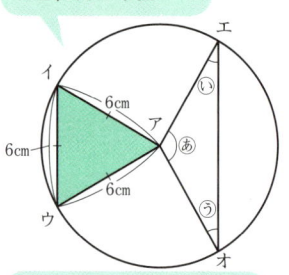

(1) 右の図で，アイとアウはどちらも円の半径で，6cm です。また，イウも 6cm です。

三角形アイウは3つの辺の長さはどれも等しくなっているので，正三角形です。

長さが等しい辺にしるしをつけてみよう。

答え 正三角形

アイとアウは，どちらも，円の半径

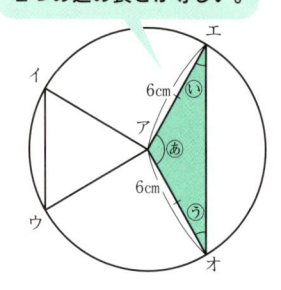

(2) 右の図で，アエとアオはどちらも円の半径で，6cm です。

三角形アエオは，2つの辺の長さが等しいので，二等辺三角形です。

二等辺三角形では，2つの角の大きさが等しくなっています。⑰の角と同じ大きさの角はⓊの角です。

答え Ⓤの角

2つの辺の長さが等しい。

練習

右の図のような二等辺三角形があります。これについて，次の問題に答えましょう。

(1) ⓘの角と同じ大きさの角は，あとⓊのどちらですか。

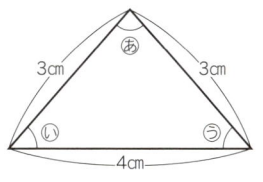

> どの角とどの角が等しくなっているかな。

(2) この二等辺三角形に，1辺が4cmの正三角形を右の図のように重ねます。
ⓘの角とⓄの角をくらべると，大きい角はどちらですか。

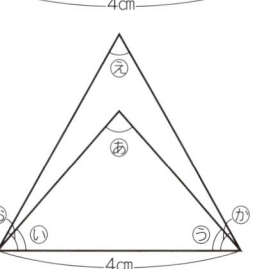

> 辺の開きぐあいはどうなっているかな。

---

(1) 二等辺三角形では， ㋐ つの角が等しくなっています。

> 等しい2つの辺ではないもう1つの辺の両がわの角が等しくなるよ。

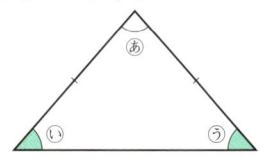

答え Ⓤの角

(2) 角の大きさは，角をつくる2つの ㋑ の開きぐあいで決まります。ⓘの角とⓄの角をくらべると，開きぐあいが大きいのは ㋒ の角なので，大きい角はⓄの角です。

> 2つの角を重ねると大きさをくらべることができるね。

答え Ⓞの角

答え ㋐ 2 ㋑ 辺 ㋒ お

例題

次の(1)〜(3)にいつでもあてはまる四角形を、下のあ〜おまでの中からそれぞれ全部選んで、その記号で答えましょう。

　　あ 台形　　い 平行四辺形　　う ひし形　　え 長方形　　お 正方形

(1) 向かい合った2組の辺の長さがそれぞれ等しい四角形

(2) 4つの角がすべて等しい四角形

(3) 2本の対角線の長さが等しい四角形

> 四角形の向かい合ったちょう点を結んだ直線を対角線というよ。

台形…向かい合った1組の辺が平行な四角形

平行四辺形…向かい合った2組の辺が平行な四角形

ひし形…4つの辺の長さがすべて等しい四角形

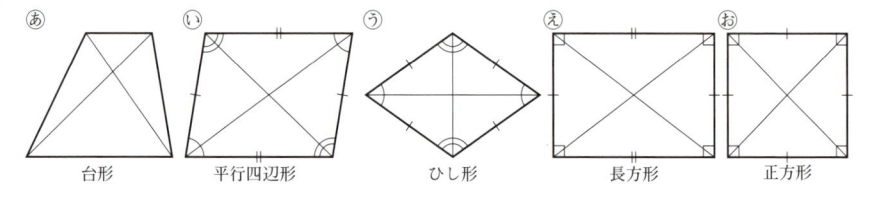

あ 台形　　い 平行四辺形　　う ひし形　　え 長方形　　お 正方形

(1) 上の図のように、平行四辺形、ひし形、長方形、正方形の向かい合った辺の長さは等しくなっています。

> ひし形、正方形は、4つの辺の長さがすべて等しいよ。

答え い, う, え, お

(2) 上の図のように、長方形、正方形は4つの角がすべて直角で等しくなっています。

> 平行四辺形、ひし形の角は、向かい合った2組の角がそれぞれ等しくなっているよ。

答え え, お

(3) 上の図のように、長方形、正方形の対角線の長さは等しくなっています。

答え え, お

練習

右の図で、四角形アイウエはひし形です。これについて、次の問題に答えましょう。

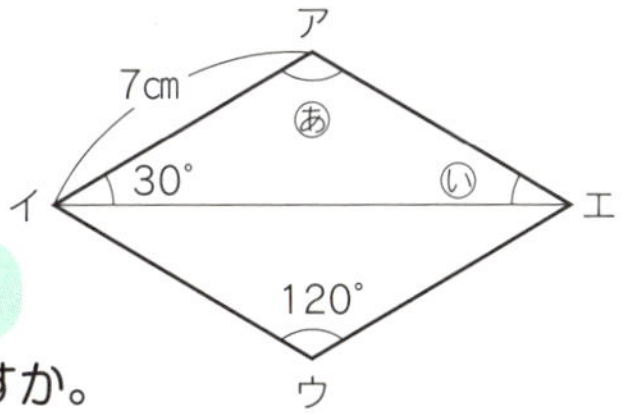

　　ひし形の特ちょうを思い出そう。

(1) このひし形のまわりの長さは何cmですか。

(2) 角あの大きさは何度ですか。

　　どことどこの角度が等しくなっているかな。

(3) 角いの大きさは何度ですか。

---

(1) ひし形は、4つの辺の長さが等しいので、まわりの長さは、

　　　$7 \times \boxed{(ア)} = 28$ (cm)

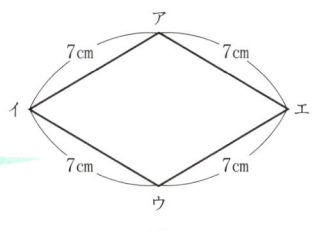

　　辺の長さはすべて等しいよ。

　　答え 28cm

(2) ひし形の向かい合っている角は $\boxed{(イ)}$ ので、あの角は120°です。

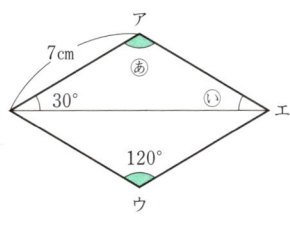

　　向かい合っている角は等しいよ。

　　答え 120°

(3) 辺アイと辺 $\boxed{(ウ)}$ の長さが等しいので、三角形アイエは $\boxed{(エ)}$ です。

　　$\boxed{(エ)}$ の2つの角の大きさは等しいので、角いの大きさは30°です。

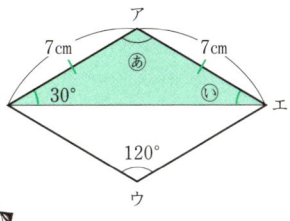

　　二等辺三角形では、等しい2つの辺ではないもう1つの辺の両がわの角が等しくなるよ。

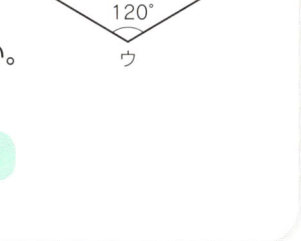

　　答え 30°

答え (ア) 4　(イ) 等しい　(ウ) アエ　(エ) 二等辺三角形

三角形と四角形　85

例題

次の図形の面積は何 cm² ですか。図形の角は全部直角です。

(1) 9cm × 9cm の正方形

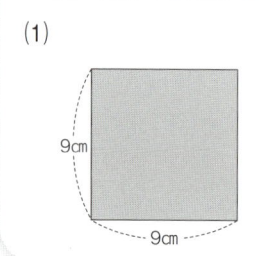

(2) 上辺 6cm、高さ 8cm、右側に 3cm、4cm の切り欠きがある図形

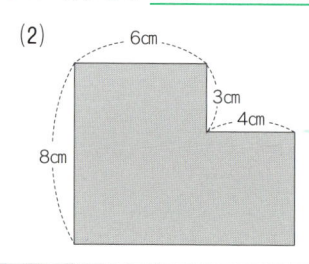

> 長方形や正方形の面積の公式を使うにはどうすればよいかな。

正方形の面積＝１辺×１辺　　　長方形の面積＝たて×横

---

(1) 正方形の面積＝１辺×１辺なので，
$9 \times 9 = 81$ （cm²）

> 長さの単位が cm だから，面積の単位は cm² だよ。

答え 81cm²

(2) 左と右の２つの長方形に分けます。 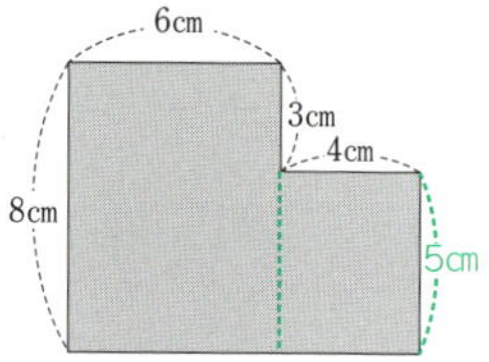
$8 \times 6 = 48$ ← 左の長方形の面積
$5 \times 4 = 20$ ← 右の長方形の面積
$48 + 20 = 68$ （cm²）

答え 68cm²

（別の考え方１）上と下の２つの長方形に分けます。 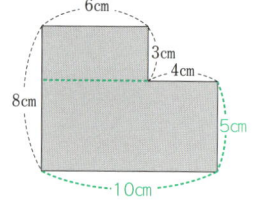
$3 \times 6 = 18$ ← 上の長方形の面積
$5 \times 10 = 50$ ← 下の長方形の面積
$18 + 50 = 68$ （cm²）

（別の考え方２）大きい長方形から小さい長方形をひいて考えます。 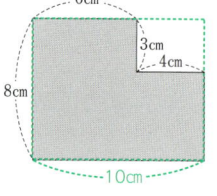
$8 \times 10 = 80$ ← 大きい長方形の面積
$3 \times 4 = 12$ ← 小さい長方形の面積
$80 - 12 = 68$ （cm²）

> 長方形や正方形の面積の公式が使えるようにくふうしよう。

練習

次の図形の面積を求めましょう。図形の角は全部直角です。

(1) 20m、15m の長方形

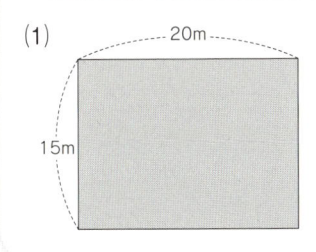

(2) 3cm、4cm、7cm、4cm、3cm の凹型図形

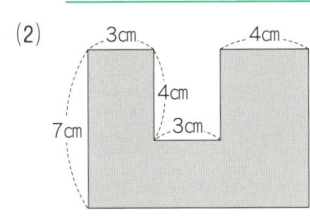

(1) (長方形の面積)＝(たて)×(㋐) なので，

15 × ㋑ ＝ 300 （m²）

長さの単位がmだから、面積の単位はm²だよ。

答え 300m²

(2) **大きい長方形から小さい長方形をひいて考えます。**

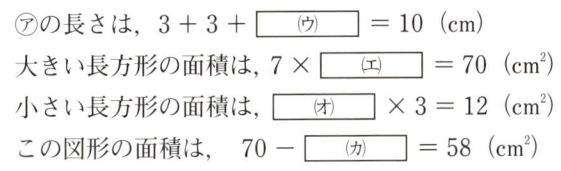

㋐の長さは，3 ＋ 3 ＋ ㋒ ＝ 10 （cm）
大きい長方形の面積は，7 × ㋓ ＝ 70 （cm²）
小さい長方形の面積は， ㋔ × 3 ＝ 12 （cm²）
この図形の面積は， 70 － ㋕ ＝ 58 （cm²）

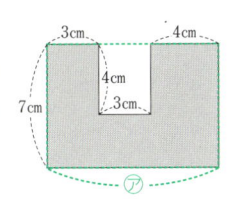

答え 58cm²

分けたり，つぎ足したりして，面積の公式が使えるようにくふうすればいいよ。

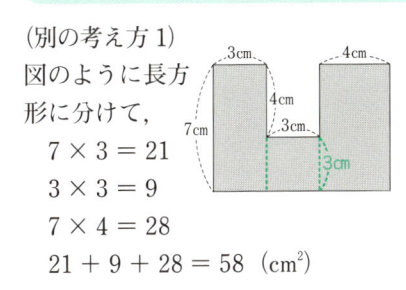

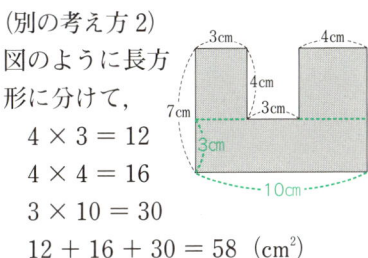

（別の考え方1）
図のように長方形に分けて，
7 × 3 ＝ 21
3 × 3 ＝ 9
7 × 4 ＝ 28
21 ＋ 9 ＋ 28 ＝ 58 （cm²）

（別の考え方2）
図のように長方形に分けて，
4 × 3 ＝ 12
4 × 4 ＝ 16
3 × 10 ＝ 30
12 ＋ 16 ＋ 30 ＝ 58 （cm²）

答え ㋐ 横　㋑ 20　㋒ 4　㋓ 10　㋔ 4　㋕ 12

面積 87

例題

右の図のような直方体について、次の問題に答えましょう。

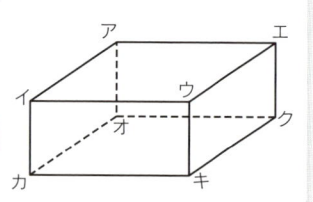

(1) 辺アイに平行な辺をすべて書きましょう。

> 平行な2つの辺は、どんな位置になっているかな。

(2) 面アイカオに垂直な面を書きましょう。

直方体の向かい合った面は平行であるといいます。
面あと面いは平行です。
直方体のとなり合った面は垂直であるといいます。
面あと面う、面いと面うは垂直です。

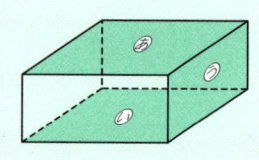

(1) 図1のように、面アイウエは長方形なので、辺アイと辺エウは平行です。

> 長方形の向かい合う辺は平行だよ。

図1　図2

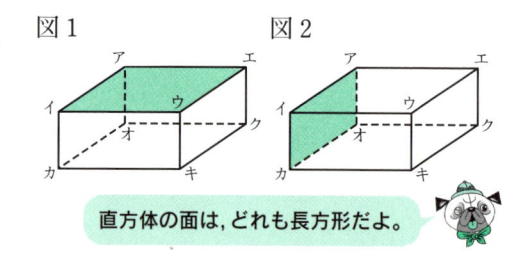

> 直方体の面は、どれも長方形だよ。

図2のように、面アイカオは長方形なので、辺アイと辺オカは平行です。

また、図3のように、四角形アイキクは長方形なので、辺アイと辺クキは平行です。

図3

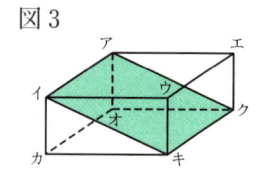

答え　辺エウ，辺オカ，辺クキ

(2) 直方体のとなり合った面は垂直なので、面アイカオと垂直な面は、面アイウエ，面アオクエ，面イカキウ，面オカキクです。

答え　面アイウエ，面アオクエ，面イカキウ，面オカキク

練習

右の図のような<u>直方体</u>について、次の問題に答えましょう。

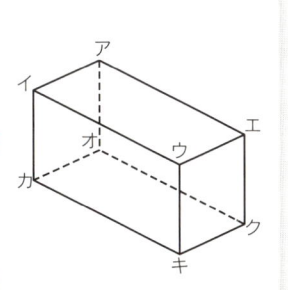

(1) <u>辺イウに垂直に交わっている辺</u>をすべて書きましょう。

(2) <u>面アイウエに平行な面</u>はどれですか。

> 平行な2つの面は、どんな位置になっているかな。

(3) <u>面オカキクに垂直な辺</u>は何本ありますか。

> 「面」と「辺」を読みまちがえないように気をつけよう。

---

(1) 図1のように、面アイウエの形は　(ア)　なので、辺イウと辺アイ、辺イウと辺ウエは垂直です。

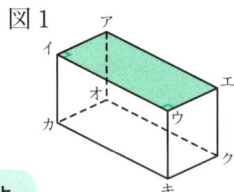

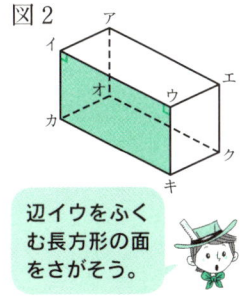

> 長方形のとなりあう辺は垂直だよ。

図2のように、面イカキウは長方形なので、辺イウと辺イカ、辺イウと辺ウキは　(イ)　です。

答え 辺アイ，辺ウエ，辺イカ，辺ウキ

> 辺イウをふくむ長方形の面をさがそう。

(2) 直方体の向かい合った面は　(ウ)　なので、面アイウエと面オカキクは平行です。

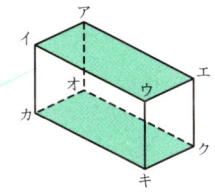

> 面アイウエに向かい合った面を見つけよう。

答え 面オカキク

(3) 図3のように、面オカキクに垂直な辺は辺アオ、辺　(エ)　、辺ウキ、辺エクの4本あります。

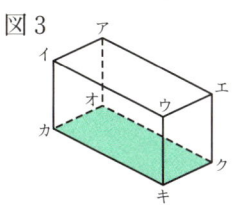

答え 4本

答え (ア) 長方形　(イ) 垂直　(ウ) 平行　(エ) イカ

例題

たて3cm, 横4cm, 高さ2cmの直方体があります。

(1) 右の図1は, この直方体の見取図の一部です。続きをかいて, 見取り図を完成させましょう。

(2) 右の図2は, この直方体のてん開図の一部です。続きをかいて, てん開図を完成させましょう。

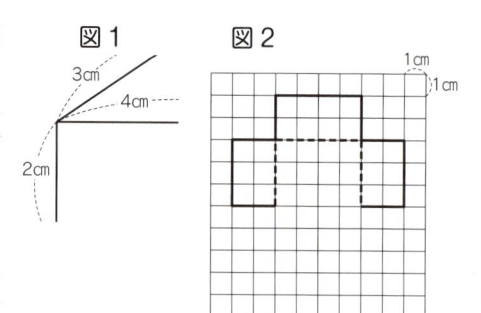

> 右の図にかかれていない面はどの面かな。

直方体や立方体などの全体の形がわかるようにかいた図を見取図といいます。直方体や立方体を辺にそって切り開いて平面の上に広げた図をてん開図といいます。

(1) 見取図をかくときは, 見えている線は ──── で, 見えない線は ------ でかきましょう。

> 見取図をかくときは, 平行な辺は平行になるようにかこう。

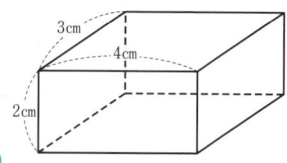

答え

(2) 図2のそれぞれの辺が直方体のどこにあるか考えながら, 辺の長さに注意してかきましょう。

> てん開図をかいたら, 同じ形の面が2つずつ3組あるか, たしかめよう。

> 切り開く辺によって, いろいろなてん開図ができるよ。

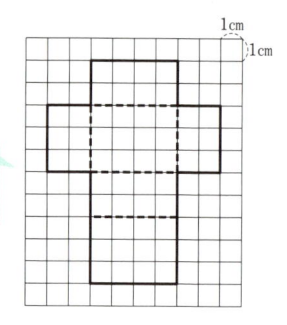

答え

練習

右の図は立方体のてん開図です。このてん開図を組み立てます。これについて，次の問題に答えましょう。

(1) 面◯に平行な面はどれですか。

> 組み立てたとき，面◯と向かい合う面はどれかな。

(2) 面◯に垂直な面はどれですか。

> 組み立てたとき，面◯ととなり合う面はどれかな。

(3) 辺カキと重なる辺はどれですか。

> 組み立てたとき，点カ，点キと重なる点はどれかな。

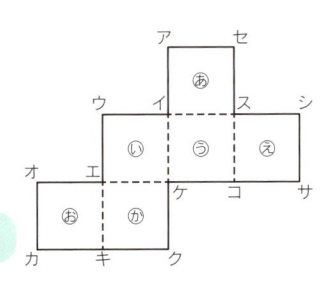

---

(1) このてん開図を組み立てると右の図のようになるので，面◯と平行な面は，面えになります。

> 立方体の向かい合う面は平行だよ。

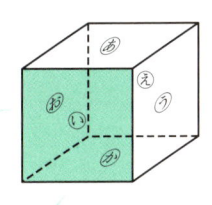

答え 面え

(2) 面◯ととなり合う面は，面あ，面 (ア) ，面お，面かになります。

> 立方体のとなり合う面は垂直だよ。

答え 面あ，面う，面お，面か

(3) 右の図のように，点カと重なるのは点 (イ) と点セ，点キと重なるのは点 (ウ) です。てん開図より，セサは辺にならないので，辺カキと重なるのは，辺シサです。

> 重なる点がわかりにくいときは，実さいに紙にてん開図をかいて，組み立ててみよう。

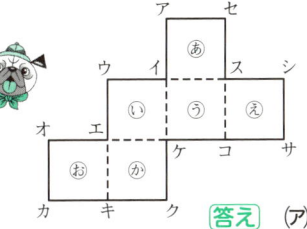

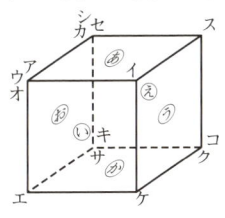

答え 辺シサ

答え (ア) う (イ) シ (ウ) サ

例題

右の図で，点イの位置は点アの位置をもとにすると，(横1，たて3)と表すことができます。これについて，次の問題に答えましょう。

(1) 点イと同じようにして，点ウ，点エの位置を(横○，たて△)のように表しましょう。

　　点アから横にいくつ，たてにいくつ進んだ点かな。

(2) (横3，たて7)を表している点を図に・で表しましょう。

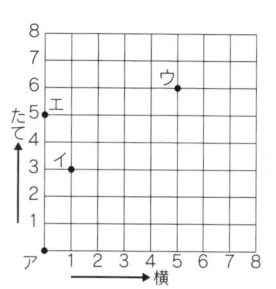

---

(1) 点ウの位置は，点アをもとにすると，横に5マス，たてに6マス進んだところなので，(横5，たて6)と表すことができます。

点エの位置は，点アをもとにすると，横に進まず，たてに5マス進んだところなので，(横0，たて5)と表すことができます。

　　横に進んでいないときは，「横0」と表そう。

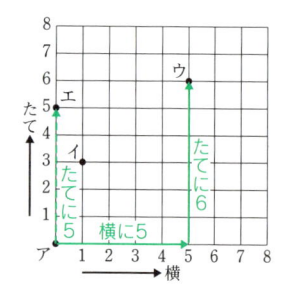

　　平面にあるものの位置は，2つの数を使って表すことができるよ。

　　横→たての順に表そう。

答え 点ウ…(横5，たて6)，点エ…(横0，たて5)

(2) 点アから，横に3マス，たてに7マス進んだ点に・をつけます。

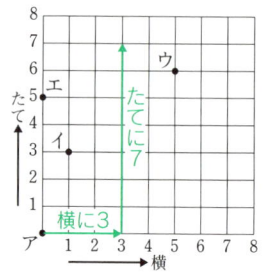

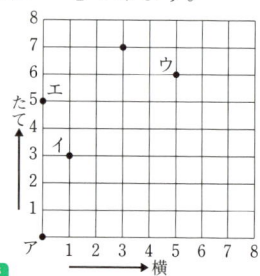

答え

92

練習

右の図は，同じ大きさの立方体を積んだものです。点イの位置は，点アの位置をもとにすると，(横1，たて0，高さ3) と表すことができます。

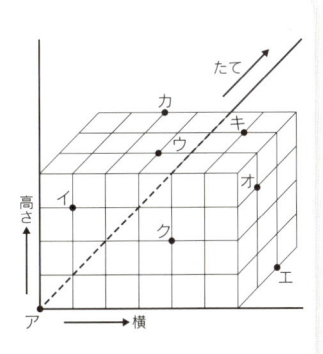

(1) 点イと同じようにして，点ウ，点エの位置を (横○，たて△，高さ□) のように表しましょう。

　点アから，横にいくつ，たてにいくつ，上にいくつ進んだ点かな。

(2) (横2，たて3，高さ4) と表された点は，点オ～クのどれですか。

---

(1) 点ウの位置は，点アをもとにすると，横に [ア] こ，たてに [イ] こ，上に [ウ] こ進んだところなので，(横3，たて1，高さ4) と表すことができます。

　点エの位置は，点アをもとにすると，横に6こ進み，たてに [エ] こ進み，上には進んでいないところなので，(横6，たて2，高さ0) と表すことができます。

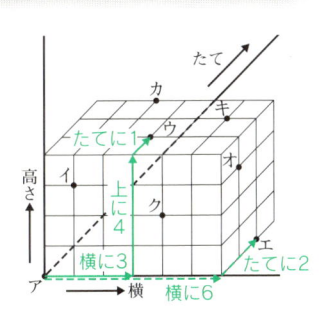

　上に進んでいないときは，「高さ0」と表そう。

答え 点ウ…(横3，たて1，高さ4)，
　　　　点エ…(横6，たて2，高さ0)

(2) 点アから，横に2こ，[オ] に3こ，上に4こ進むと，点カと重なります。

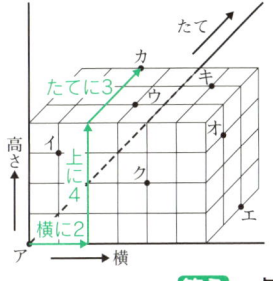

　空間にあるものの位置は，3つの数を使って表すことができるよ。

答え 点カ

答え (ア) 3　(イ) 1　(ウ) 4　(エ) 2　(オ) たて

第4章 **確認テスト** 答え P106

1
長方形の紙を，ぴったり重なるように2つに折ります。これについて，次の問題に答えましょう。

(1) 右の図の点線のところで切って広げると，何という三角形ができますか。もっともふさわしい名前で答えましょう。

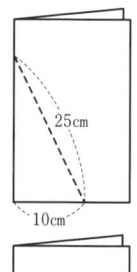

(2) 右の図の点線のところで切って広げると，正三角形ができました。⑦の長さは何cmですか。

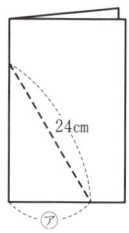

2
右の図で，⑦と④の直線，⑨と④の直線はそれぞれ平行です。

(1) あの角度は何度ですか。

(2) いの角度は何度ですか。

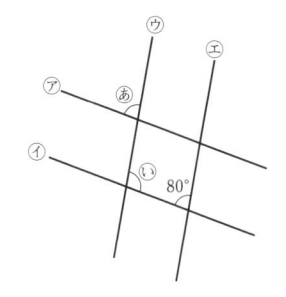

3
次のあ～えの文の中で，正しいものを2つ選び，その記号で答えましょう。

あ 平行四辺形の2本の対角線は，それぞれのまん中の点で交わります。

い ひし形の2本の対角線は，長さが等しくなっています。

う 長方形の2本の対角線は，直角に交わります。

え 正方形の2本の対角線は，長さが等しく，直角に交わります。

4
右の図のように、半径12cmの円の中に、同じ直径の円が3つ、1列にならんでぴったり入っています。これについて、次の問題に答えましょう。

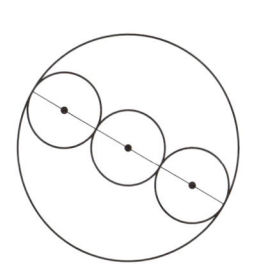

(1) 大きい円の直径は何cmですか。

(2) 小さい円の半径は何cmですか。

5
右の図形の色のついた部分の面積は何m²ですか。角はすべて直角です。

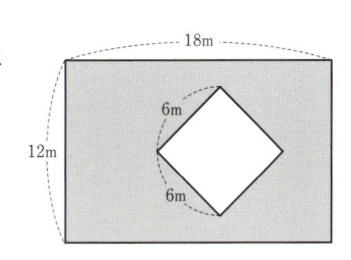

6
直方体と立方体の両方にあてはまる特ちょうについて、まちがっているものを、次のあ〜えの中から1つ選び、その記号で答えましょう。

あ 面の数は6つです。

い 向かい合う2つの面は平行です。

う となり合う2つの面は垂直です。

え 6つの面の面積は、すべて等しくなっています。

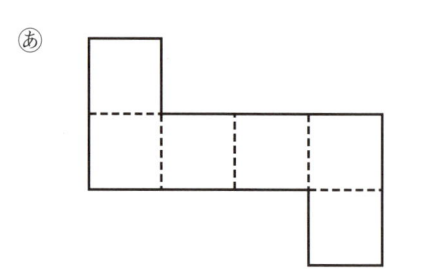

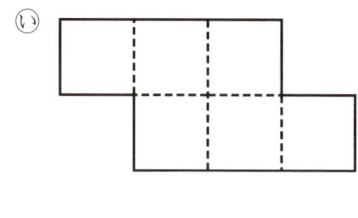

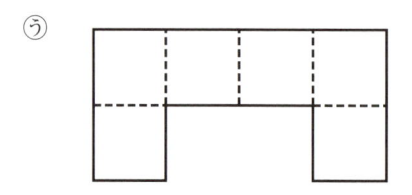

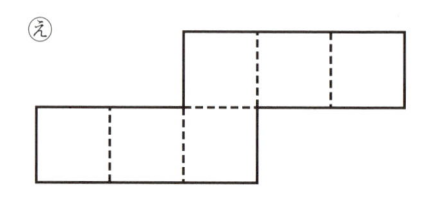

7 下のあ〜えの図の中から，立方体のてん開図になっているものを全部選び，その記号で答えましょう。

あ

い

う

え

8 右の図で，点アをもとにしたときの，次の点の位置を，(横○，たて△)のように表しましょう。

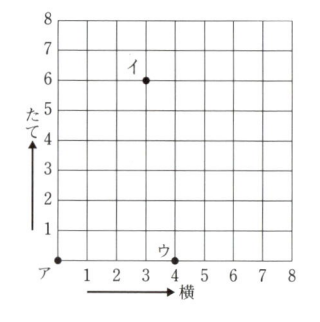

(1) 点イ

(2) 点ウ

解答と解説

文章題練習帳 8級

第1章 数と式に関する問題 p.40

解答

① (1) 4つ　(2) 6800円

② (1) イ　(2) オ
　　(3) ア

③ (1) 45 − □ = 19 （□ + 19 = 45, □ = 45 − 19）
　　(2) 26まい

④ (1) 0.15kg　(2) 3.45kg

⑤ (1) ア 仮分数…$\frac{7}{4}$
　　　　　帯分数…$1\frac{3}{4}$
　　　　イ 仮分数…$\frac{7}{6}$
　　　　　帯分数…$1\frac{1}{6}$
　　(2) $\frac{1}{4}, \frac{1}{2}, \frac{4}{6}$

⑥ しんじさんはガム3ことあめ5こ
　　まさとさんはラムネとあめ3こ
　　ずつとポテトチップ1ふくろ

⑦ (1) $1\frac{6}{7}$ km
　　(2) りかさんの家から学校までの道のりのほうが $\frac{3}{7}$ km 長い。
　　(3) $\frac{4}{7}$ km

⑧ (1) およそ1億4千万台
　　(2) およそ3073万台

解説

①
(1) グループの数は子どもの人数を1グループの人数でわって求めることができます。
　　24 ÷ 6 = 4（つ）
　　答え　4つ

(2) 24人から3000円ずつお金を集めたので、集めたお金は、
　　3000 × 24 = 72000（円）
　　集めたお金から、かし切りバス代と動物園の入園料をひいたものが残りのお金です。
　　72000 − 58000 − 7200
　　　　　　　　= 6800（円）
　　答え　6800円

②
(1) 数直線のいちばん小さい1めもりは、0.1を10等分した1つ分の大きさなので0.01を表しています。0.01を33こ集めた数は0.33なので、0の33めもり右にあるイが答えです。
　　答え　イ

(2) 1より0.13小さい数は、数直線の1より13めもり左にあるオになります。
　　答え　オ

（別の考え方）
　　1より0.13小さい数は、

98

1 − 0.13 = 0.87 です。0.8 より7めもり右にあるオが答えです。

(3) ある数を 10 でわると，小数点の位置が 1 つ左にずれて，位が 1 つ下がります。

1.7 を 10 でわった数は 0.17 です。数直線の 0.1 より 7 めもり右にあるアが答えです。

答え　ア

❸

(1) はじめにあった色紙のまい数から，使ったまい数をひいたものが残りのまい数です。式に表すと，

45 − □ = 19

答え　45 − □ = 19

（□ + 19 = 45, □ = 45 − 19）

（別の考え方）

下の図より，使ったまい数と残りのまい数をたすと，はじめにあったまい数になります。式に表すと，

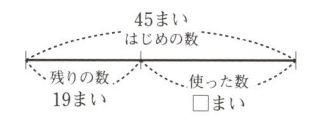

□ + 19 = 45

```
       45まい
      はじめの数
  ┌─────────────┐
  残りの数   使った数
   19まい     □まい
```

(2) □の数を求めます。

○ − □ = △のとき，□ = ○ − △です。

45 − □ = 19

□ = 45 − 19 = 26

答え　26 まい

❹

(1) バナナ 5 本の重さは 0.75kg。バナナの重さは全部同じなので，重さを本数でわります。

0.75 ÷ 5 = 0.15 （kg）

```
      0.15
   5)0.75
      5
      25
      25
       0
```

答え　0.15kg

(2) 全体の重さは，かごと果物それぞれの重さの和だから，

0.3 + 0.75 + 0.23 × 4 + 1.48
= 0.3 + 0.75 + 0.92 + 1.48
= 3.45 （kg）

答え　3.45kg

❺

(1) ア $\frac{1}{4}$ のめもりが 7 つ分なので，仮分数では，$\frac{7}{4}$

1 より 3 めもり右にあるから，帯分数では，$1\frac{3}{4}$

イ $\frac{1}{6}$ のめもりが 7 つ分なので，仮分数では，$\frac{7}{6}$

1 より 1 めもり右にあるから，帯分数では，$1\frac{1}{6}$

答え　ア　仮分数 $\frac{7}{4}$，帯分数 $1\frac{3}{4}$

　　　　イ　仮分数 $\frac{7}{6}$，帯分数 $1\frac{1}{6}$

(2) めもりの位置が左にあるほど小

さい数です。

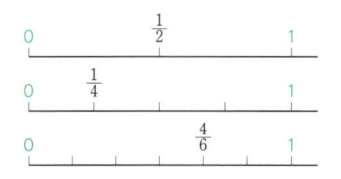

```
0          1/2              1
0      1/4                  1
0              4/6          1
```

答え　$\dfrac{1}{4}, \dfrac{1}{2}, \dfrac{4}{6}$

❻

おかしのねだんを式にあてはめて考えます。

しんじさん　$\underset{\text{ガム}}{60×3}+\underset{\text{あめ}}{30×5}$

まさとさん　$\underset{\substack{\text{ラムネ　あめ}}}{(70+30)×3}+\underset{\text{ポテトチップ}}{90×1}$

答え　しんじさんはガム3こあめ5こ，まさとさんはラムネとあめ3こずつとポテトチップ1ふくろ

❼

(1) 病院からりかさんの家までの道のりと，りかさんの家から本屋の前を通って学校まで行くときの道のりをたせばよいので，
$\dfrac{5}{7}+1\dfrac{1}{7}=1\dfrac{6}{7}$(km)

答え　$1\dfrac{6}{7}$ km

(2) りかさんの家から病院までの道のりは$\dfrac{5}{7}$km，りかさんの家から本屋の前を通って学校まで行くときの道のりは$1\dfrac{1}{7}$kmなので，学校までの道のりのほうが長いです。学校までの道のりから病院までの道のりをひいて，
$1\dfrac{1}{7}-\dfrac{5}{7}=\dfrac{8}{7}-\dfrac{5}{7}=\dfrac{3}{7}$(km)

答え　りかさんの家から学校までの道のりのほうが$\dfrac{3}{7}$km長い。

(3) 学校からりかさんの家と銀行の前を通って図書館まで行くときの道のりは，
$1\dfrac{1}{7}+\dfrac{4}{7}+\dfrac{2}{7}=1\dfrac{7}{7}=2$(km)
学校から公園の前を通って図書館まで行くときの道のりをひいて，
$2-1\dfrac{3}{7}=1\dfrac{7}{7}-1\dfrac{3}{7}$
$\phantom{2-1\dfrac{3}{7}}=(1-1)+\left(\dfrac{7}{7}-\dfrac{3}{7}\right)$
$\phantom{2-1\dfrac{3}{7}}=\dfrac{4}{7}$(km)

答え　$\dfrac{4}{7}$ km

❽

(1) 上から3けための百万の位を四捨五入します。

1億3̸6̸5̸5万　（4）
↓
1億4000万

答え　およそ1億4千万台

(2) はじめにがい数にしてからひき算をします。

一万の位までのがい数で表す

と，2013年12月のけい帯電話の
けい約数は，1億3656万台，
2008年12月のけい帯電話のけい
約数は1億583万台になります。

　　　1億3656万
　　－1億0583万
　　―――――――
　　　　3073万

　　答え　およそ3073万台

第2章　時間と重さに関する問題　p.50

解答

① (1) 343秒　　(2) 53秒
　 (3) 5分58秒

② 54分45秒

③ 5分31秒

④ (1) 午前7時35分
　 (2) 6時間35分
　 (3) 午後3時42分

⑤ 午後1時29分

⑥ (1) 午前9時20分
　 (2) 3時間30分
　 (3) 午後3時10分

⑦ (1) 45g　　(2) 83g

⑧ (1) 1kg700g
　 (2) 240g

⑨ (1) 4350kg
　 (2) 995kg

解説

①
(1) 1分は60秒なので，5分は，
5×60＝300（秒）です。
ゆうじさんの記録5分43秒は，
300＋43＝343（秒）

　　答え　343秒

(2) ちはるさんの記録の6分5秒を
5分65秒とみて考えます。5－5
＝0（分），65－12＝53（秒）よ
り，ひろきさんの記録はちはるさ
んの記録より，53秒速いです。

　　答え　53秒

(3) ゆうじさんの前回の記録は，今
回の記録よりも15秒おそいので
5分43秒の15秒後です。
43＋15＝58（秒）なので，答え
は5分58秒です。

　　答え　5分58秒

②
①～⑤の作業時間を分と秒に分け
て，それぞれを全部たします。
4＋2＋30＋5＋12＝53（分）
45＋30＋30＝105（秒）
53分105秒＝54分45秒

　　答え　54分45秒

❸

下の図より、あやこさんのタイムは、りかこさんよりも、8 + 25 = 33（秒）おそいということになります。58 + 33 = 91（秒）より、4 分 91 秒、つまり 5 分 31 秒とわかります。

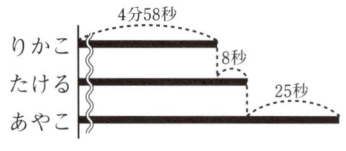

```
4分58秒
りかこ ├─────────┤
たける         ├─8秒─┤
あやこ              ├25秒┤
```

答え　5 分 31 秒

❹

時間のたし算やひき算をするときは、時、分、秒の単位に分けて考えます。

(1) 午前 6 時 20 分の 1 時間後は午前 7 時 20 分で、午前 7 時 20 分の 15 分後は、20 + 15 = 35（分）なので、午前 7 時 35 分です。

答え　午前 7 時 35 分

(2) 午後 2 時 45 分を午前 14 時 45 分とみて、14 − 8 = 6（時間）、45 − 10 = 35（分）より、ひろきさんが学校にいた時間は 6 時間 35 分

答え　6 時間 35 分

(3) 50 − 8 = 42（分）より、午後 3 時 42 分

午後 3 時 42 分

❺

電車が B 駅にとう着するのは、午前 11 時 42 分の 1 時間 47 分後なので、11 + 1 = 12（時）、42 + 47 = 89（分）より、午前 12 時 89 分、つまり午前 13 時 29 分なので、午後 1 時 29 分が答えです。

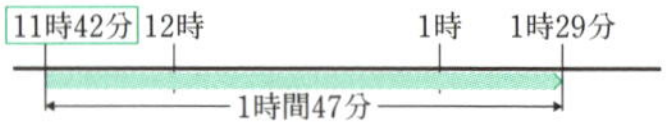

```
|11時42分| 12時      1時  1時29分
└──────1時間47分──────┘
```

答え　午後 1 時 29 分

❻

(1) 学校から牧場まで 1 時間 10 分かかるので、午前 10 時 30 分の 1 時間 10 分前が答えです。**1 時間と 10 分に分けて考えます。**

午前 10 時 30 分の 1 時間前は午前 9 時 30 分、午前 9 時 30 分の 10 分前は午前 9 時 20 分です。

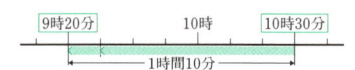

```
|9時20分|    10時    |10時30分|
└──────1時間10分──────┘
```

答え　午前 9 時 20 分

(2) 牧場にいるのは午前 10 時 30 分から午後 2 時の間です。**午前 11 時で区切って考えます。** 午前 10 時 30 分から午前 11 時までの時間は 30 分、午前 11 時から午後 2 時までの時間は 3 時間だから、あわせて 3 時間 30 分です。

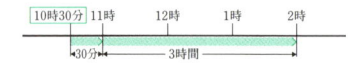

```
|10時30分|11時  12時   1時   2時
  └30分┘└─────3時間─────┘
```

答え　3 時間 30 分

(3) 牧場を出発してから1時間10分後に学校に着きます。1時間と10分にわけて考えます。午後2時の1時間後は，午後3時です。午後3時の10分後は，午後3時10分です。

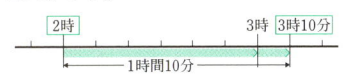

答え　午後3時10分

❼

(1) はじめにさとうが入っていたビンの重さから，使ったさとうの重さをひいたものが85gなので，使ったさとうの重さは，

130 − 85 = 45 （g）

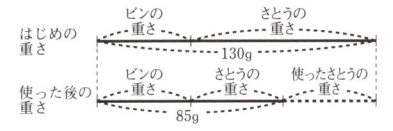

答え　45g

(2) はじめにさとうが入っていたビンの重さから，ビンの重さをひいたものがさとうの重さです。

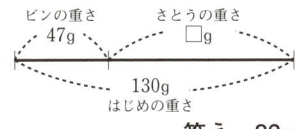

130 − 47 = 83 （g）

答え　83g

❽

(1) このはかりは2kgまではかれるはかりで，5めもりで100gを表しているので，いちばん小さいめもりは，100 ÷ 5 = 20 より，20gを表しています。

はかりは1500gよりめもり10こ分重いめもりをさしているので，かご全体の重さは1500gより200g重い1700gです。1kgは1000gなので，1700gは1kg700gです。

答え　1kg700g

(2) 1700 − (80 + 900) = 720 より，りんご3この重さは720gなので，りんご1この重さは，

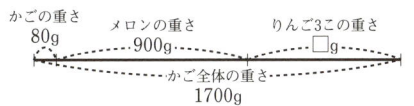

720 ÷ 3 = 240 （g）

答え　240g

❾

(1) 1t = 1000kg だから，

4t350kg = 4350kg

答え　4350kg

(2) キリンの体重からワニの体重をひきます。キリンの体重は
1t940kg = 1940kg なので
1940 − 945 = 995 （kg）

答え　995kg

第3章 表とグラフに関する問題 p.64

解答

① (1) 2m　(2) 16m
　　(3) 14m

② あ…△　　い…○
　　う…○　　え…△

③ (1) 910人
　　(2) 2011年から2012年の間
　　(3) 2010年から2011年の間

④ (1) 14人　(2) 7人
　　(3) 8人

⑤ え

解説

①

(1) 5めもりで10mを表しているので，1めもりの大きさは，
10÷5＝2（m）です。

　　　　　答え　2m

(2) りくとさんの記録を表すぼうのめもりをよむと，10mより3めもり分多いので，
10＋2×3＝16（m）です。

　　　　　答え　16m

(3) まさとさんの記録は28m，ともきさんの記録は14mなので，まさとさんは，ともきさんより，
28－14＝14（m）遠くまで投げたことがわかります。

　　　　　答え　14m

②

あ…同じハムスターの体重の変わっていくようすを表すので，折れ線グラフを使います。

　　　　　答え　△

い…学校の前を通った乗り物の多い少ないをくらべるので，ぼうグラフを使います。

　　　　　答え　○

う…図書室で読んだ本の多い少ないをくらべるので，ぼうグラフを使います。

　　　　　答え　○

え…ある人の身長の変わっていくようすを表すので，折れ線グラフを使います。

　　　　　答え　△

③

(1) 5めもりで50人を表しているので，1めもりの大きさは，
50÷5＝10（人）です。
2009年の人数は，900人より1めもり分多いので，
900＋10＝910（人）です。

　　　　　答え　910人

(2) グラフが右上がりになっているところのうち，**かたむきがいちばん大きい**のは，2011年から2012年の間です。

   答え　2011年から2012年の間

(3) グラフが右下がりになっているところのうち，**かたむきがいちばん大きい**のは，2010年から2011年の間です。

   答え　2010年から2011年の間

❹

(1) 次の表の □ の部分に注目すると，クロールもせ泳ぎもできる人は，19－5＝14（人）です。

		せ泳ぎ		合計
		できる	できない	
クロール	できる			21
	できない	5		
合計		19		34

   答え　14人

(2) 次の表の □ の部分に注目すると，クロールができてせ泳ぎができない人は，21－14＝7（人）です。

		せ泳ぎ		合計
		できる	できない	
クロール	できる	14		21
	できない	5		
合計		19		34

   答え　7人

(3) 次の表の □ の部分に注目す

ると，せ泳ぎができない人は，34－19＝15（人）です。

また，表の □ の部分に注目すると，クロールもせ泳ぎもできない人は，15－7＝8（人）です。

		せ泳ぎ		合計
		できる	できない	
クロール	できる	14	7	21
	できない	5		
合計		19	15	34

   答え　8人

❺

あ…都市Aのグラフで，**いちばん高いところにある点**に注目します。いちばん高い点はたてのじくのめもりが28度，横のじくのめもりが8月の点です。だから，あは**正しい**です。

い…都市Bのグラフで，**いちばん高いところにある点**に注目します。いちばん高い点はたてのじくのめもりが24度，横のじくのめもりが1月の点です。だから，いは**正しい**です。

う…都市Aのグラフで，**グラフが右下がりになっているところのうち，かたむきがもっとも大きいところ**に注目します。10月から11月の間で，グラフは6めもり下がっていてかたむきがもっとも大きくなっています。だから，うは

105

正しいです。

え…都市Aと都市Bのグラフがいちばんはなれているところに注目します。8月はたてのじくが16めもりはなれているので、気温のちがいは16度です。1月の気温のちがいは17度です。だから、えはまちがいです。

お…都市と都市Bのグラフがぶつかったところが、気温が同じ月です。ぶつかったところは4月と10月で2つあるので、2回です。だから、おは正しいです。

答え　え

付録　図形に関する問題　p.94

解答

❶ (1) 二等辺三角形
　 (2) 12cm

❷ (1) 80°　(2) 100°

❸ あ、え

❹ (1) 24cm　(2) 4cm

❺ 180m²

❻ え

❼ あ、え

❽ (1) (横3, たて6)
　 (2) (横4, たて0)

解説

❶
(1) 切り取って広げた三角形は2つの辺の長さが等しくなるので、二等辺三角形です。

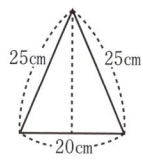

答え　二等辺三角形

(2) 切り取って広げた三角形は正三角形だから、3つの辺の長さが等しいので、⑦は24cmの半分で、24÷2＝12(cm)です。

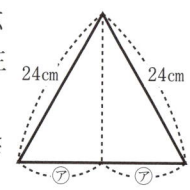

答え　12cm

❷
(1) 直線⑦と直線⊕が平行なので、次ページの図の⑨の角度は80°です。また、直線⑦と直線④も平行なので、あの角度と⑨の角度も等しいです。⑨の角度は80°なので、あの角度も80°です。

答え　80°

(2) ⑨の角と◯の角を合わせると180°になるので、◯の角度は、180°－80°＝100°です。

答え　100°

106

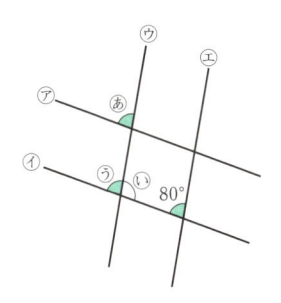

形になります）。⑦は，長方形の2本の対角線は直角に交わらないのでまちがい（直角に交わる場合は正方形になります）。正しいものは⑤と②です。

答え　⑤，②

③

平行四辺形，ひし形，長方形，正方形の対角線は，次のようになっています

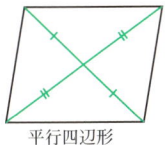

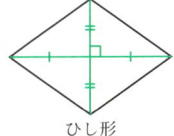

平行四辺形

ひし形

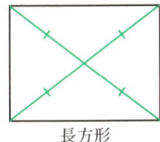

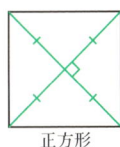

長方形

正方形

平行四辺形…2本の対角線は，それぞれのまん中の点で交わります。
ひし形…2本の対角線は，それぞれのまん中で直角に交わります。
長方形…2本の対角線の長さは等しく，それぞれのまん中の点で交わります。
正方形…2本の対角線の長さは等しく，それぞれのまん中で直角に交わります。

⑤〜②の中で，⑥は，ひし形の2本の対角線の長さは等しくないのでまちがい（等しい場合は正方

④

(1) 円の直径は，半径の2倍なので，$12 \times 2 = 24$ (cm) です。

答え　24cm

(2) 小さい円の直径は，$24 \div 3 = 8$ (cm) です。小さい円の半径は円の直径の半分だから，
$8 \div 2 = 4$ (cm) です。

答え　4cm

⑤

大きい長方形の面積から，小さい正方形の面積をひいて求めます。
大きい長方形の面積は，
　$12 \times 18 = 216$ (m^2)
小さい正方形の面積は，
　$6 \times 6 = 36$ (m^2)
この図形の面積は，
　$216 - 36 = 180$ (m^2) です。

答え　180m^2

解答と解説　107

❻

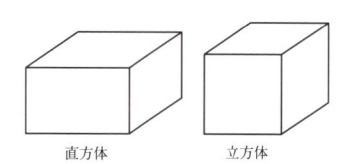

あ…直方体も立方体も，**面の数は6つ**です。

い…直方体も立方体も，**向かい合う面は平行**になっています。

う…直方体も立方体も，**となり合う面は垂直**になっています。

え…立方体は同じ形の正方形の面が6つ，直方体は，同じ形の面の組が3組あります。だから，えは立方体にはあてはまりますが，直方体にはあてはまりません。

答え　え

❼

い…立方体の1つのちょう点には，3つの面が集まっています。次の図の █ の部分では，ちょう点をつくることができないので，立方体をつくることができません。

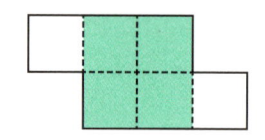

う…このてん開図を組み立てると，次の図の █ の部分が重なってしまうので，立方体をつくることができません。

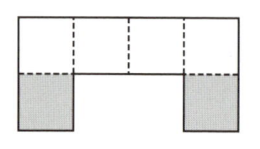

答え　あ，え

❽

(1) 点イは，点アから，横に3マス，たてに6マス進んだ点になっています。

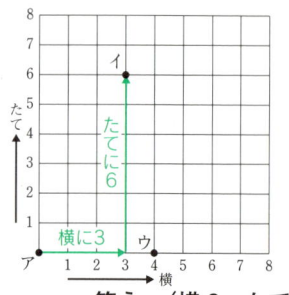

答え　(横3，たて6)

(2) 点ウは，点アから，横に4マス進み，たては進んでいません。たてに進まなかったときは，「たて0」とします。

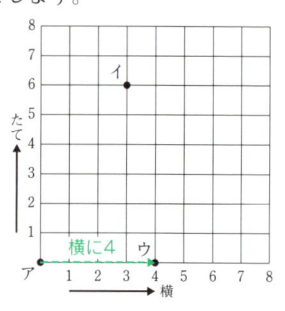

答え　(横4，たて0)

memo ....

memo

- ●執筆協力：梶田 栄里子
　　　　　　功刀 純子
- ●DTP：藤原印刷株式会社
- ●カバーデザイン：星 光信（Xing Design）
- ●カバーイラスト：たじま なおと

実用数学技能検定　文章題練習帳　算数検定8級

2015年10月16日　初　版発行
2024年11月 7 日　第4刷発行

編　者　公益財団法人 日本数学検定協会

発行者　髙田 忍

発行所　公益財団法人 日本数学検定協会
　　　　〒110-0005 東京都台東区上野五丁目1番1号
　　　　FAX 03-5812-8346
　　　　https://www.su-gaku.net/

発売所　丸善出版株式会社
　　　　〒101-0051 東京都千代田区神田神保町二丁目17番
　　　　TEL 03-3512-3256　FAX 03-3512-3270
　　　　https://www.maruzen-publishing.co.jp/

印刷・製本　藤原印刷株式会社

ISBN978-4-901647-58-8　C0041

©The Mathematics Certification Institute of Japan 2015 Printed in Japan

＊落丁・乱丁本はお取り替えいたします。
＊本書の内容の全部または一部を無断で複写複製（コピー）することは著作権法上での例外を除き、禁じられています。
＊本の内容についてお気づきの点は、書名を明記の上、公益財団法人日本数学検定協会宛に郵送・FAX（03-5812-8346）いただくか、当協会ホームページの「お問合せ」をご利用ください。電話での質問はお受けできません。また、正誤以外の詳細な解説指導や質問対応は行っておりません。